U0571832

外贸报关实务

主　编　王　巾　刘秋民
副主编　佘雪锋　李显戈　郑筱莹

北京理工大学出版社
BEIJING INSTITUTE OF TECHNOLOGY PRESS

版权专有 侵权必究

图书在版编目（CIP）数据

外贸报关实务 / 王巾，刘秋民主编 . -- 北京：北京理工大学出版社，2021.10（2021.11 重印）
ISBN 978 - 7 - 5763 - 0621 - 7

Ⅰ.①外… Ⅱ.①王… ②刘… Ⅲ.①进出口贸易—海关手续—中国—高等学校 - 教材 Ⅳ.①F752.5

中国版本图书馆 CIP 数据核字（2021）第 217735 号

出版发行 / 北京理工大学出版社有限责任公司
社　　　址 / 北京市海淀区中关村南大街 5 号
邮　　　编 / 100081
电　　　话 / (010) 68914775（总编室）
　　　　　　 (010) 82562903（教材售后服务热线）
　　　　　　 (010) 68944723（其他图书服务热线）
网　　　址 / http：//www.bitpress.com.cn
经　　　销 / 全国各地新华书店
印　　　刷 / 唐山富达印务有限公司
开　　　本 / 787 毫米 × 1092 毫米　1/16
印　　　张 / 13.75　　　　　　　　　　　　责任编辑 / 王晓莉
字　　　数 / 324 千字　　　　　　　　　　　文案编辑 / 王晓莉
版　　　次 / 2021 年 10 月第 1 版　2021 年 11 月第 2 次印刷　　　责任校对 / 周瑞红
定　　　价 / 68.00 元　　　　　　　　　　　责任印制 / 施胜娟

图书出现印装质量问题，请拨打售后服务热线，本社负责调换随着"一带一路"不断推进，中国和世界各国的经贸联系更加紧密，中国外贸领域正发生着深刻的变化，自贸区、跨境电商综合试验区快速发展，贸易便利化逐渐改变传统的外贸通关模式。培养具有行业洞察力、学习与创新能力，善于解决通关问题的职业人才，使之与行业发展相适应是外贸与报关职教人共同的目标。本教材基于职业能力培养，在编写体例、内容安排等方面进行了精心的设计，主要体现在以下方面：

一、编写体例

本教材共分三篇，分别是报关基础知识篇、报关基础技能篇、报关业务操作篇。三个篇章各有特色，连贯成体系，既注重知识和技能的学习与训练，又通过项目引领实现了职业与专业能力的统一性。

（一）报关基础知识篇

本篇主要介绍报关与海关应知应会的知识体系，突出海关政策的解读和应用意义的内容，以期帮助学生正确认识报关工作，准确把握行业发展趋势，更好地理解国家制度设计背后所蕴含的意义，领会从事报关职业应具备的素养。

（二）报关基础技能篇

本篇包括基于报关岗位典型工作任务得出的报关核心技能，包括报关单准确录入与快速复核技能、商品归类及应用技能、税费核算技能。通过训练上述报关"基本功"，帮助学生建立成本意识、服务意识，养成细致认真的职业态度。

（三）报关业务操作篇

本篇体现报关工作的系统化，以海关监管通关制度为主线，划分为"一般进出口货物报关""保税加工货物报关"等多个项目，通过项目导向、任务引领设计，引导学生独立、系统地完成工作任务，并能解决工作中的常见问题，进一步激发学习与创新能力。

二、编写特点

（一）以项目为导向、任务为引领

以项目为导向、任务为引领，把知识点、技能点融入任务的解决过程中，帮助学生建立课程和所对应岗位的系统性思维。

（二）校企合作，实用性强

教材编写团队既有来自一线从事国际贸易实务、报关实务等课程教学的高校老师，也有来自报关、外贸行业的企业专家。在编写过程中，他们精心选用企业案例，通过教学化处理，使之贴近教学需求，凸显教材的"企业元素"。

（三）知识点归纳与提炼

教材以思维导图的方式展现了通关业务操作的主要步骤，一目了然地展现了学习要点，并做到了化繁为简，使学生能够快速抓住学习核心。

（四）配套教学资源丰富

教材配有二维码资源库，同时在最后提供了最新的海关法规检索。课题组还配套建设了浙江省精品课程在线资源，教学资源较为丰富。

本教材由台州职业技术学院王巾副教授设计编写方案并负责全书的统稿工作，具体分工如下：王巾负责编写报关基础知识篇、报关业务操作篇等，浙江国际海运职业学院刘秋民副教授负责编写商品归类，台州职业技术学院郑筱莹讲师负责编写外贸管制，台州职业技术学院佘雪锋教授、李显戈副教授对教材的篇章结构进行了总体设计，参与部分教学案例编写，并对教材内容进行了审定。同时，教材在编写的过程中得到了宁波畅海报关公司张宁、天津津通报关公司焦晓宁老师的大力支持，他们提供了专业的意见。

本教材可以作为高职院校国际经济与贸易专业、报关与国际货运专业、商务英语专业、物流专业及其他相关专业的教学用书，也可以作为报关从业人员的学习用书，对外贸企业从事报关业务的管理人员、操作人员也都有较大的参考价值。

课程配套在线学习资源：

浙江省高等学校在线开放课程共享平台

https://www.zjooc.cn/course/2c9180827b5db3b9017b5ed98272001c

浙江省高等学校在线开放课程共享平台
外贸报关实务课网站链接

"在浙学"外贸报关实务课程链接

目 录

第三篇　报关业务操作

第一篇 报关基础知识

知识目标：

（1）了解海关发展沿革；

（2）了解贸易便利化、关检融合等海关前沿知识；

（3）理解海关基本职能；

（4）了解海关稽查、海关企业信用管理、海关事务担保等基本业务制度；

（5）了解报关单位基本分类及 AEO 认证体系；

（6）了解外贸管制及基本框架。

技能目标：

（1）熟悉报关单位基本分类及海关相应监管措施；

（2）能根据 HS 编码查询海关监管证件。

素质目标：

（1）培养学生主动学习海关政策与业务创新的意识；

（2）培养学生树立爱岗敬业的职业态度。

项目一

认识海关与报关工作

导读

报关是国际贸易的重要环节，从效率来看，高效的通关将为进出口企业节约成本；从通关政策和管理来看，外贸企业从预计订单、进口原料、安排生产到仓库建账、成品出口、不良品和边角料管理等都应遵循海关规定。因此，正确理解通关政策，掌握报关技能是对外经贸活动中必不可少的内容。

任务1　认识报关

一、报关的含义与内容

报关是指进出口货物收发货人、进出境运输工具负责人、进出境物品的所有人或其代理人向海关办理货物、物品或运输工具进出境手续及相关海关事务的过程。根据《中华人民共和国海关法》规定："进出境运输工具，货物，物品，必须通过设立海关的地点进境或出境。"因此，由设立海关的地点进出境并办理规定的海关手续是运输工具、货物以及物品进出境的基本规则，是进出境运输工具负责人、进出口货物收发人、进出境物品的所有人应履行的基本义务。

报关的基本内容包括进出境运输工具、货物、物品三个方面。

（一）进出境运输工具

进出境运输工具指用以载运人员、货物、物品进出境，在国际上运营的各种境内外船舶、车辆、航空器和驮畜。根据我国海关法规定，进出境运输工具负责人或其代理人在运输工具进入或驶离我国关境时均应如实向海关申报运输工具所载旅客人数，进出口货物数量、装卸时间，提交所承运货物、物品情况的合法证件、清单和其他运输单证。经海关审核确认符合海关监管要求的，可以上下旅客、装卸货物。

主要申报单证是进出境运输工具舱单（简称舱单），舱单是反映进出境运输工具所载货物、物品及旅客信息的原始舱单、预配舱单、装（乘）载舱单等，如表1-1所示。

表 1 – 1　进出境运输工具舱单的内容

	进出境	具体内容
运输工具舱单申报	进境	①进境运输工具载有货物、物品的，舱单传输人应当在规定时限向海关传输原始舱单主要数据，舱单传输人应当在进境货物、物品运抵目的港以前向海关传输原始舱单其他数据 　海关接受原始舱单主要数据传输后，收货人、受委托的报关企业方可向海关办理货物、物品的申报手续 ②进境运输工具载有旅客的，舱单传输人应当在规定时限向海关传输原始舱单电子数据
	出境	①出境运输工具预计载有货物、物品的，舱单传输人应当在办理货物、物品申报手续以前向海关传输预配舱单主要数据 ②以集装箱运输的货物、物品，出口货物发货人应当在货物、物品装箱以前向海关传输装箱清单电子数据。海关接收预配舱单主要数据后，舱单传输人应在规定时限向海关传输预配舱单其他数据 ③出境货物、物品运抵海关监管场所时，海关监管场所经营人应当以电子数据方式向海关提交运抵报告。运抵报告提交后，海关即可办理货物、物品的查验、放行手续 　舱单传输人应在运输工具开始装载货物、物品前向海关传输装载舱单电子数据 ④出境运输工具预计载有旅客的，舱单传输人应当在出境旅客开始办理登机（船、车）手续前向海关传输预配舱单电子数据。舱单传输人应当在旅客办理登机（船、车）手续后、运输工具上客以前向海关传输乘载舱单电子数据

（二）进出境货物

根据进出境货物的流向、用途等的不同，海关的监管通关制度分为多种类型，包括一般进出口货物，保税货物，暂时（准）进出口货物，特定减免税货物，过境、转运和通运货物及其他进出境货物等类型。具体内容将在后面分章讲解。

（三）进出境物品

进出境物品包括行李物品、邮递物品和其他物品。海关对进出境物品监管适用"自用合理数量"原则。

1. 进出境行李物品

包括我国在内的世界大多数国家都规定旅客进出境采用"红绿通道制度"。"绿色通道"（无申报通道）是指带有绿色标志的通道，适用于携运物品在数量上和价值上均不超过免税限额，且无国家限制或禁止进出境物品的旅客。"红色通道"（申报通道）适用于携运有应向海关申报物品的旅客。选择绿色通道的旅客，选择"无申报通道"报关，无须填写申报单。除海关免于监管的人员以及随同成人旅行的 16 周岁以下的旅客外，进出境旅客携带有应向海关申报物品的，须填写申报表。

2. 进出境邮递物品

寄件人填写"报税单"，小包邮件填写"绿色标签"，并同物品通过邮政企业或快递公司呈递给海关。

3. 进出境其他物品报关

进出境其他物品报关

主人公小 A、小 B 从国外入境，小 A 携带面膜、酒及包，小 B 携带化妆品和包，两人均选择绿色通道过境，但都被海关工作人员拦下，接下来会发生怎样的故事呢？请仔细观看视频并回答以下问题：

问题 1：视频中的小 A、小 B 两位主人公在过海关时遇到了什么问题？

问题 2：最终海关对两位主人公适用的通关政策是不一样的，为什么？

小 A、小 B 过海关的故事

任务 2　认识海关

海关的"前世今生"故事

　　海关并不是近代国际贸易大发展后的产物，它最早出现在遥远的古代，中国古代西周时期就在边境设卡，后来设立了司关，掌管稽查货物、税收等。《周礼·地官》中记载有"关市之征"，它是我国关税的雏形。随着对外贸易活动日益频繁，唐代专门设立了市舶司，其成为当时管理对外贸易的机构。清代开放海禁之后，首次以海关命名，设立粤（广州）、闽（厦门）、浙（宁波）、江（上海）四大海关。发展至今，现代海关主要承担监管、征税、缉私和统计四大基本职能。近年来海关在国际贸易知识产权保护、反倾销和反补贴方面积极发挥作用，如加大对涉及出口到非洲、阿拉伯、拉美地区和"一带一路"沿线国家和地区的机电产品、手机类电子产品、医疗器械、药品等物品的侵权行为重点打击，进一步树立"中国制造"的良好形象。

一、海关的性质

《中华人民共和国海关法》第二条明确规定："中华人民共和国海关是国家的进出关境监督管理机关。"

海关是国务院的直属机构，是代表国家对进出关境的运输工具、货物、物品的进出关境活动进行监督管理的行政执法机关。

海关实施监督管理的对象：所有进出关境的运输工具、货物、物品。

海关执法的依据：《中华人民共和国海关法》和其他有关法律、行政法规。海关总署也可以根据法律和国务院的法规、决定、命令制定规章，作为执法依据的补充。

 **拓展**

关境与国境的区别

关境又称"关税领域"，是一国海关法规可以全面实施的领域。国境指一个国家行使全部主权的领陆、领海、领空。通常来说，国境和关境的关系存在几种情况：有国境大于关境，如中国内地（或大陆）和香港、澳门、台湾属于中国主权国家内的四个关税区，中国内地（或大陆）现行关境是适用《中华人民共和国海关法》的行政管辖区域，不包括香港、澳门和台澎金马单独关税区；国境小于关境，欧盟属于典型的国境小于关境的情况；还有一种情况即国境与关境一致。

二、海关基本任务

依据《中华人民共和国海关法》规定，海关有四项基本任务：监管进出境的运输工具、货物、行李物品、邮递物品和其他物品；征收关税和其他税费；查缉走私；编制海关统计。四项基本任务组成有机整体。

（一）监管

监管是海关各项任务中的基础环节，是海关运用国家赋予的权力，通过一系列管理制度和流程，依法对进出境货物、物品及运输工具在进出境过程中所实施的海关全部行政执法活动的统称。包括对进出境货物的备案、审单、查验、放行、后续管理，执行或监督执行国家其他对外贸易管理制度，从而维护国家利益。

（二）征税

国家法律法规赋予海关依法征税职能。海关代表国家对进出境对象的纳税义务人征收关税和代征增值税、消费税、船舶吨税等，同时参与税则制定、开展商品归类、原产地规则适用、海关估价、税费核算、税费优惠和减免及与此相关的争议解决、审理或处罚等。

自 2015 年 7 月 27 日起，海关总署面向全国各地海关推广汇总征税业务，对信用优良的企业实施"先放后税，汇总缴税"，这样可以缓解企业逐票缴税和通关效率之间的矛盾。同时征管方式也由传统逐票审核转变为企业自报自缴税款、自行打印税单，

汇总征税政策

进一步推进贸易便利化。

（三）缉私

查缉走私是指海关依照法律赋予的权力，在海关监管场所和海关附近的沿海沿边规定地区，对违反《中华人民共和国海关法》及其他有关法律、行政法规，逃避海关监管，偷逃应纳税款以及逃避国家有关进出境的禁止性或限制性管理规定的行为予以打击。

《中华人民共和国海关法》规定，"国家实行联合缉私、统一处理、综合治理的缉私体制。海关负责组织协调、管理查缉走私"，从法律上明确了海关是打击走私的主管机关，具有协调各部门进行缉私执法的职责。

 拓 展

近年来，口岸海关发现泰国出口到中国的龙眼干量大，但是中国从泰国进口的龙眼干量没有那么大，存在从泰国进口龙眼干出现数据倒挂的情况，这是什么原因呢？通过观看视频，回答以下问题：

问题1：视频中走私嫌疑人采用了什么方式偷逃税款？

问题2：通过视频学习，作为从事报关职业人员，你认为报关人员应具备怎样的职业素养。

新闻现场：农产品走私

（四）统计

海关代表国家对进出口货物贸易进行统计调查、统计分析和统计监督，进行进出口监测预警，编制、管理和公布统计资料。

三、海关其他职能

除了上述四项基本任务外，国家法律、行政法规还赋予海关知识产权保护、对反倾销及反补贴的调查等新职能。

（一）海关知识产权保护职能

知识产权海关保护是指海关根据国家法律法规的规定，对与进出口货物有关并受中华人民共和国法律、行政法规保护的商标专用权、著作权和与著作权有关的权利、专利权、世界博览会标志、奥林匹克标志实施的保护。我国作为《与贸易有关的知识产权保护协议》成员国之一，积极履行成员国之间知识产权保护义务。

知识产权海关
保护宣传视频

进出口环节中知识产权的海关保护

在实际工作中，遇到进口商品涉嫌侵犯本企业的知识产权时，作为国内企业，应如何防范并保护本企业的知识产权呢？

作为企业应树立知识产权保护意识，合理运用法律保护自身权益。中华人民共和国海关总署颁布知识产权海关保护条例，明确海关知识产权保护的方法：依职权保护（主动保护）和依申请保护（被动保护）。

依职权保护（主动保护）通过提前报备，海关提前监控，一旦发现涉嫌行为，可依法立即中止通关程序。这种方式属于未雨绸缪型。

依申请保护（被动保护）是在发现有侵权嫌疑行为时，进出口企业或相关人向海关申请中止货物进出境，前提是需要及时掌握侵权行为的线索和情况。

《知识产权海关保护条例》

（二）对反倾销及反补贴的调查职能

从全球贸易来看，反倾销、反补贴一直是国际贸易摩擦的重点区域，海关将通过对反倾销、反补贴的调查，协助企业开展应诉，切实保护我国企业的正当利益，促进全球贸易公平公正。

倾销和反倾销：倾销是以低价进入其他国家市场，对当地价格和产业产生实质性影响。反倾销是进口国在证明价格和产业损害直接存在某种关联之后，通过征收反倾销税措施，提高产品进口成本，以抵消损害本国产业的后果。

补贴和反补贴：补贴是通过实施激励和支持措施来支持自己国家产品出口，以便占领更多的海外市场，获得更多的国际市场份额。反补贴是进口国反补贴当局征收反补贴税和其他措施以抵消损害本国产业的后果或阻碍本国产业建立的法律行为。

四、海关管理体制与组织结构

（一）海关机构设置

海关机构设置（设立不受行政区划限制，分为三级）：海关总署→直属海关→隶属海关，如图1-1所示。

第一层级：海关总署。

海关实行高度统一的垂直领导体制，海关总署是中国海关的最高管理机关，在国务院领导下，领导和组织全国海关正确贯彻实施《中华人民共和国海关法》和国家的有关政策、行政法规，积极发挥依法行政、为国把关的职能，服务、促进和保护社会主义现代化建设。

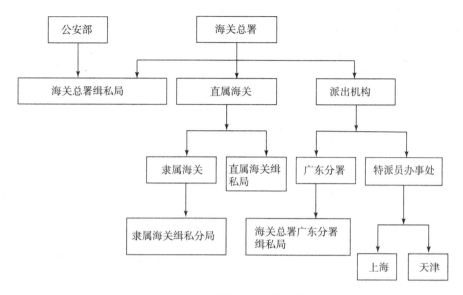

图 1-1 海关的组织结构图

第二层级：直属海关、广东分署、天津和上海两个特派员办事处。

直属海关是直接由海关总署领导、负责管理一定区域范围内海关业务的海关。

第三层级：各直属海关下辖的隶属海关和办事处。

隶属海关由直属海关领导，负责办理具体海关业务，向直属海关负责。

海关缉私警察是专司打击走私犯罪活动的警察队伍。由海关总署、公安部联合组建走私犯罪侦查局，其设在海关总署，实行海关总署和公安部双重领导、以海关领导为主的体制。

（二）海关机构设置变化——关检融合

2018 年 4 月 20 日起，原出入境检验检疫系统统一以海关名义对外开展工作，一线旅检、查验和窗口岗位统一上岗、统一着海关制服、统一佩戴关衔，标志着关检融合进入新的阶段。

1. 通关作业流程升级

关检融合后，通关作业模式从原先的"两次申报、两次查验、两次放行"的"串联式"通关作业模式整合为"一次申报、一次查验、一次放行"的"并联式"操作。通关模式升级改造大大提升通关效率，2018 年海关压缩货物通关时间三分之一以上，进出口企业综合满意度由 62% 提升至 90%。

2. 一次申报、一次通关

2018 年 8 月 1 日起，原报关单、报检单的 229 个申报项目合并为一张报关单，共 105 个项目，实现了真正意义上的一次申报、一次通关。2018 年 9 月 30 日起，正式实施"统一风控"和货物领域的"查检合一"，实现了关检统一风险防控、查验融合。2018 年 12 月 30 日，新一代海关通关管理系统上线运行，在海关内部实现关检综合业务人员登录一个系统处置新版报关单。

3. 行政审批项目变化的"最多跑一次"

关检融合后，新海关的行政审批项目主要有 16 项，其中涉及海关行政审批业务的 9 项：

一是报关企业注册登记；

二是出口监管仓库、保税仓库设立审批；

三是免税商店设立审批；

四是海关监管货物仓储审批；

五是小型船舶往来香港、澳门进行货物运输备案；

六是承运境内海关监管货物的运输企业、车辆注册；

七是长江驳运船舶转运海关监管的进出口货物审批；

八是保税物流中心（A 型）设立审批；

九是保税物流中心（B 型）设立审批。

涉及检验检疫行政审批业务的 7 项：

一是从事进出境检疫处理业务的单位及人员认定；

二是口岸卫生许可证核发；

三是进境动植物产品的国外生产、加工、存放单位和出境动植物及其产品、其他检疫物的生产、加工、存放单位注册登记；

四是进境（过境）动植物及其产品检疫审批；

五是进口可用作原料的固体废物国外供货商及国内收货人注册登记；

六是出入境特殊物品卫生检疫审批；

七是进出口商品检验鉴定业务的检验许可。

4. 营商环境提升明显

关检融合以来，推动通关流程再造，达到"去繁就简"，国际贸易"单一窗口"标准版系统已实现全国口岸全覆盖，主要申报业务应用率达 80% 以上，数据交换共享范围不断扩大。2018 年，在世界银行发布的跨境贸易营商环境中，中国由 2017 年的 97 名提升至 65 名，跃升了 32 名。当年度海关压缩货物通关时间 1/3 以上时，广大进出口企业综合满意度由 62% 提升至 90%。

五、海关权力

海关权力是指国家为保证海关依法履行职责，通过《中华人民共和国海关法》和其他法律、行政法规赋予海关的对进出境运输工具、货物、物品的监督管理权能。

（一）特点

除了一般行政权力的单方面性、强制性和无偿性等基本特征外，海关权力还具有以下特点：

（1）特定性。任何其他机关和个人都不具备行使这种权力的资格。同时这种权力只适合进出境监督管理领域，而不能在其他领域行使。

（2）独立性。海关依法独立行使职权，向海关总署负责。

（3）效力先行性。海关行政行为一旦做出，就应推定符合法律规定，对海关本身和海关管理人均具有约束力。

（4）优益性。国家为保障海关有效地行使权力而赋予海关职务上、物质上的优益条件。

（二）种类

海关权力包括行政审批权、税费征收权、行政检查权、行政强制权、行政处罚权、其他权力（佩带武器权、连续追缉权、行政裁定权、行政奖励权）等。

其中，行政监督检查权包括：检查权，查验权，施加封志权，查阅、复制权，查问权，查询权，稽查权，如表1-2、表1-3所示。

表1-2 海关行政监督检查权的行使

对象	区域	检查权的行使
进出境运输工具	"两区"内	可直接检查
	"两区"外	
有走私嫌疑的运输工具	"两区"内	可直接检查
	"两区"外	经直属海关关长或其授权的隶属海关关长批准方可检查
有藏匿走私货物、物品嫌疑的场所	"两区"内	可直接检查
	"两区"外	①在调查走私案件时，经直属海关关长的批准或其授权的隶属海关关长批准方可检查 ②不能检查公民住处
走私嫌疑人	"两区"内	可直接检查
	"两区"外	不能行使

表1-3 海关行政强制权的行使

对象	区域	授权
违反《中华人民共和国海关法》或其他法律法规的进出境运输工具、货物、物品以及合同、发票等	"两区"内	直接扣留
	"两区"外	
有走私嫌疑的进出境运输工具、货物、物品	"两区"内	经直属海关关长或其授权的隶属海关关长批准可以扣留
	"两区"外	对其中有证据证明有走私嫌疑的，可以扣留
走私犯罪嫌疑人	"两区"内	经直属海关关长或其授权的隶属海关关长批准可以扣留 时间24小时，特殊情况可延长至48小时

"行政强制权"包括：扣留权，提取货物变卖、先行变卖权，强制扣缴权和变价抵缴关税权，抵缴、变价抵缴罚款权，其他特殊行政强制等。

任务3 认识海关稽查制度、海关事务担保制度

一、海关稽查制度

（一）海关稽查含义

海关稽查指海关自进出口货物放行之日起3年内，或者在保税货物、减免税进口货物的

海关监管期限内及其后的 3 年内，对与进出口货物直接有关的企业、单位的会计账簿、会计凭证、报关单证，以及其他有关资料和有关进出口货物进行核查，监督其进出口活动的真实性和合法性。

海关实施稽查是为了评估被稽查人进出口信用状况和风险状况，检查其进出口活动的真实性、合法性和规范性。从本质上看，海关稽查是海关监督管理职能的实现方式，也是海关监管制度的主要组成部分。但是海关稽查与传统的海关监管有区别。首先，海关稽查实现了海关监管的"前推后移"，将原有海关监管的时间、空间进行了大范围的延伸和拓展。通过海关稽查的实施，海关监管不仅局限于进出口的实时监控和进出境口岸。同时通过评估验证企业守法状况或贸易安全情况，有针对性地规范企业内部经营管理，引导企业守法自律，保障其更好地享受海关监管便利。其次，海关稽查实现了海关监管的"由物及企"，将海关监管的主要目标从控制进出口货物转变为控制货物的经营主体——进出口企业，不再人为地将企业和货物割裂开来。

（二）稽查方式与稽查对象

1. 稽查方式

海关稽查方式分为常规稽查、专项稽查、验证稽查三种。

常规稽查是指海关根据关区的实际情况，以监督企业进出口活动，提高海关后续管理效能为目标，以中小型企业为重点，采取计划选取与随机抽取相结合的方式，对企业开展全面性稽查。

专项稽查是海关根据关区的实际情况，以查缉企业各类问题，为税收和防范走私违法活动提供保障为目标，以风险程度较高或政策敏感性较强的企业或行业为重点，采用风险分析、贸易调查等方式，对某些企业或某些商品实施的行业式、重点式、通关式稽查。

验证稽查是指海关以验证企业守法状况或贸易安全情况，动态监督企业进出口活动，规范企业内部管理，促进企业守法自律为目标，对申请海关企业信用管理认证企业实施的稽查。验证稽查主要作为海关企业信用管理的配套措施。

2. 确定稽查对象的方法

常规稽查按照"双随机、一公开"确定稽查对象。"双随机、一公开"是指海关依法实施常规稽查过程中，随机抽取稽查对象、随机选派海关执法人员实施稽查，并及时公开相关结果。

专项稽查：上级海关或风险管理部门根据接收到的线索进一步开展分析，经研判后确定专项稽查的作业对象和作业内容。根据《中华人民共和国海关稽查条例》第三条规定，海关对下列与进出口货物直接有关的企业、单位实施海关稽查：

（1）从事对外贸易的企业、单位；

（2）从事对外加工贸易的企业；

（3）经营保税业务的企业；

（4）使用或者经营减免税进口货物的企业、单位；

（5）从事报关业务的企业。

拓展

哪些企业被稽查的概率高？

1. 超过 3 年未实施稽查或核查企业；
2. 超过 3 年未被通关监管环节查验或专业审单的企业；
3. 风险管理部门接收到风险线索涉及的企业。

（三）稽查方法

海关稽查方法是指海关稽查人员用审计、稽核、检查等方式和技术手段，对特定的稽查对象进行核查，以核实被稽查人的进出口行为是否合法、规范，有无违反海关法行为。海关稽查常用的方法包括查账法、调查法、盘存法、分析法。

（1）查账法。海关稽查人员根据会计凭证、会计账簿和财务报表等的内在关系，通过对被稽查人会计资料记录及其所反映的稽核、检查，核查被稽查人的进出口行为是否合法、规范的方法。

（2）调查法。海关稽查人员通过观察、询问、检查、比较等方式，对被稽查人的进出口活动进行全面综合的调查了解，以核实进出口行为是否真实合法、规范的方法。

（3）盘存法。海关在检查进出口货物的适用状况时，通过盘点实物库存等方法，具体查证核实现金、商品、材料、在产品、产成品、固定资产和其他商品的实际结存量的方法。

（4）分析法。海关利用现有的各种信息数据系统，充分依靠现代信息技术，对海关监管对象及其进出口活动全面综合统计、汇总，进行定量定性分析、评估，以确定被分析对象进出口活动的风险情况的基本方法。

（四）主动披露

进出口企业、单位主动向海关书面报告其违反海关监管规定的行为并接受海关处理的，海关可以认定有关企业、单位主动披露。但是有下列情况的除外：报告前海关已经掌握违法线索的；报告前海关已经通知被稽查人实施稽查的；报告内容严重失实或隐瞒其他违法行为的。

（五）稽查处理

海关稽查是海关监督被稽查人进出口活动真实性和合法性的一种措施。稽查中发现税款少征、漏征或者被稽查人存在违法活动的，应按《中华人民共和国海关稽查条例》的规定分别做出相应的处理。

经海关稽查发现关税或其他进口环节的税收少征、漏征的，由海关依照《中华人民共和国海关法》和有关税收法律、行政法规的规定向被稽查人补征；因被稽查人违反规定而造成少征、漏征的，由海关依照《中华人民共和国海关法》和有关税收法律、行政法规的规定追征。被稽查人在海关规定的期限内仍未缴纳税款的，海关可以依法采取强制执行措施。

封存的进出口货物，经海关稽查排除违法嫌疑的，海关应当立即解除封存；经海关稽查认定违法的，由海关依照《中华人民共和国海关法》和《中华人民共和国海关行政处罚实施条例》的规定处理。

经海关稽查，发现被稽查人有走私行为构成犯罪的，依法追究刑事责任；尚不构成犯罪的，由海关依照规定处理。

海关通过稽查决定补征、追征的税款，没收的走私货物和违法所得及收缴的罚款，全部上缴国库。

二、海关事务担保业务制度

（一）海关事务担保含义

海关事务担保是指与进出境活动有关的自然人、法人或者其他组织在向海关申请从事特定的经营业务或者办理特定的海关事务时，向海关提交保证金、保证函等担保，承诺在一定期限内履行其法律义务的法律行为。

（二）海关事务担保适用情况

1. 一般适用

当事人申请提前放行货物的担保。当事人向海关提供与应纳税款相适应的担保，在办结商品归类、估价和提供有效报关单证等海关手续前，申请海关提前放行货物。具体包括以下情形：①进出口货物的商品归类、完税价格、原产地未确定的；②有效报关单证尚未提供的；③在纳税期限内税款尚未缴纳的；④滞报金尚未缴纳的；⑤其他海关手续尚未办结的。

应当提供许可证件而不能提供的，海关不予办理担保放行。当事人申请办理特定海关业务的担保；当事人申请办理特定海关业务的担保指当事人在申请办理内地往来港澳货物运输，办理货物、物品暂时进出境，将海关监管货物抵押或者暂时存放在海关监管区外等特定业务时，根据海关监管需要或者税收风险大小向海关提供的担保。

2. 税收保全担保

进出口货物的纳税义务人在规定的纳税期限内有明显的转移、藏匿其应税货物及其他财产迹象的，海关可以责令纳税义务人提供担保；纳税义务人不能提供担保的，海关依法采取税收保全措施。

3. 免于扣留财产的担保

有违法嫌疑的货物、物品、运输工具应当或者已经被海关依法扣留、封存的，当事人可以向海关提供担保，申请免于或者解除扣留、封存。

有违法嫌疑的货物、物品、运输工具无法或者不便扣留的，当事人或者运输工具负责人应当向海关提供等值的担保；未提供等值担保的，海关可以扣留当事人等值的其他财产。有违法嫌疑的货物、物品、运输工具属于禁止进出境，或者必须以原物作为证据，或者依法应当予以没收的，海关不予办理担保。

法人、其他组织受到海关处罚，在罚款、违法所得或者依法应当追缴的货物、物品、走私运输工具的等值价值缴清前，其法定代表人、主要负责人出境的，应当向海关提供担保；未提供担保的，海关可以通知出境管理机关阻止其法定代表人、主要负责人出境。

4. 担保的免除

当事人连续2年同时具备通过海关验证稽查、年度进出口报关差错率在3%以下、没有拖欠应纳税款、没有收到海关行政处罚且在相关行政管理部门无不良记录、没有被追究刑事责任等行为的，可以向直属海关申请免除担保，并按照海关规定办理有关手续。

任务4　海关对报关单位、报关员的管理

导读

关检融合背景下，自2018年10月29日起，对完成注册登记的报关单位，海关向其核发的《海关报关单位注册登记证书》自动体现企业报关、报检两项资质，原《出入境检验检疫报检企业备案表》《出入境检验检疫报检人员备案表》不再核发。

2018年10月29日前海关或原检验检疫部门核发的《出入境检验检疫报检企业备案表》《出入境检验检疫报检人员备案表》继续有效。

一、报关单位及分类

报关单位是指依法在海关注册登记的进出口货物收发货人和报关企业。

（一）报关单位注册登记

《中华人民共和国海关法》明确规定了对向海关办理进出口货物报关手续的进出口货物收发货人、报关企业实行注册登记管理制度，依法向海关注册登记是报关单位的法定要求。

自2018年10月29日起，企业在互联网上申请办理报关单位注册登记有关业务（含许可、备案、变更、注销）的，可以通过"中国国际贸易单一窗口"标准版（以下简称单一窗口，网址：http://www.singlewindow.cn/）"企业资质"子系统或"互联网＋海关"（网址：http://online.customs.gov.cn/）"企业管理"子系统填写相关信息，并向海关提交申请。申请提交成功后，企业到所在地海关企业管理窗口提交加盖企业印章的"报关单位情况登记表"，如表1-4、表1-5所示。

表1-4　报关单位情况登记表

统一社会信用代码				
经营类别		行政区划		注册海关	
中文名称					
英文名称					
工商注册地址				邮政编码	
英文地址					
其他经营地址					
经济区划				特殊贸易区域	
组织机构类型		经济类型		行业种类	
企业类别		是否为快件运营企业		快递业务经营许可证号	

续表

法定代表人（负责人）		法定代表人（负责人）移动电话		法定代表人（负责人）固定电话	
法定代表人（负责人）身份证件类型		身份证件号码		法定代表人（负责人）电子邮箱	
海关业务联系人		海关业务联系人移动电话		海关业务联系人固定电话	
上级单位统一社会信用代码		与上级单位关系		海关业务联系人电子邮箱	
上级单位名称					
经营范围					
序号	出资者名称		出资国别	出资金额（万）	出资金额币制
1					
2					
3					

本单位承诺，我单位对向海关所提交的申请材料以及本表所填报的注册登记信息内容的真实性负责并承担法律责任。

（单位公章）
年 月 日

表1-5 报关单位情况登记表
（所属报关人员）

所属报关单位统一社会信用代码				
序号	姓名	身份证件类型	身份证件号码	业务种类
1				□备案 □变更 □注销
2				□备案 □变更 □注销
3				□备案 □变更 □注销
4				□备案 □变更 □注销
5				□备案 □变更 □注销

我单位承诺对本表所填报备案信息内容的真实性和所属报关人员的报关行为负责并承担相应的法律责任。

（单位公章）
年 月 日

（二）报关单位分类

1. 进出口货物收发货人

进出口货物收发货人指依法直接进口、出口货物的中华人民共和国境内法人、其他组织或个人。属于自理报关。

2. 报关企业

报关企业指接受进出口收发货人的委托，以委托人的名义或以自己的名义，向海关办理代理报关业务的企业。包括主营货物运输代理、国际运输工具代理，兼营报关业务的国际货运公司；主营报关业务的报关公司。属于代理报关。

 拓 展

不同类型报关单位的报关权

依法在海关注册登记的进出口货物收发货人和报关企业将取得相应的报关权。实际上，不同类型报关单位的报关权限是不同的，进出口货物收发货人可在我国全关境各口岸、海关监管业务集中的地区为本企业货物报关。而报关企业在直属海关关区内各口岸、海关监管业务集中的地区接受进出口货物收发货人委托代理报关业务。

二、报关单位的行为规则

（一）进出口货物收发货人的报关行为规则

（1）地域范围：中华人民共和国关境内的各个口岸或者海关监管业务集中的地点。

（2）只能办理本单位的报关业务，不能代理其他单位报关。

（3）可以委托海关准予注册登记的报关企业，由报关企业所属的报关员代为办理报关业务。

（4）办理报关业务时，向海关递交的纸质进出口货物的报关单必须加盖本单位在海关备案的报关专用章。

（5）对其所属报关员的报关行为承担相应的法律责任。

（二）报关企业的报关行为规则

（1）报关企业报关服务的地域范围：在依法取得注册登记许可的直属海关关区内各口岸或者海关监管业务集中的地点从事报关服务。

（2）在同一直属海关关区，从一个隶属海关到另一个隶属海关办理业务，应在拟从事报关服务的口岸或者海关监管业务集中的地点依法设立分支机构，并且在开展报关服务前按规定向直属海关备案。

（3）跨关区（在不同直属海关关区办理业务）应当依法设立分支机构，并且向拟注册登记地海关申请报关企业分支机构注册登记许可。获得注册登记许可，才能办理注册登记，才能设立分支机构。

三、海关对报关单位的分类管理

导读

> 广州一家公司在拿到 AEO 高级认证之后参加了广交会，沙特阿拉伯的客户看到该证书后，直接下了 500 万美元的订单。
>
> 请问：什么是 AEO 高级认证？它在国际贸易和通关中发挥什么作用？

海关总署令第 237 号关于公布《中华人民共和国海关企业信用管理办法》（附录）、2018 年公告第 178 号关于实施《中华人民共和国海关企业信用管理办法》（附录）规定了海关对报关单位的信用分类管理相关制度。

（一）AEO 认证

AEO 认证英文全称是 Authorized Economic Operator，即中国海关经认证的经营者。AEO 认证是通过海关对信用状况、守法程度和安全水平较高的企业实施认证，给予互认 AEO 企业相应通关便利的一项制度。

申请认证的企业应当符合《海关认证企业标准》。《海关认证企业标准》分为一般认证企业标准和高级认证企业标准，具体包括内部控制、财务状况、守法规范、贸易安全 4 大类标准。高级认证企业每 3 年重新认证一次，一般认证企业不定期重新认证。认证企业被海关调整为一般信用企业管理的，1 年内不得申请成为认证企业；认证企业被海关调整为失信企业管理的，2 年内不得申请成为一般信用企业。高级认证企业被海关调整为一般认证企业管理的，1 年内不得申请成为高级认证企业。

拓展

AEO 认证制度的由来与发展

新闻现场：中国海关推行 AEO 国际互认

AEO 认证制度是世界海关组织倡导的，为实现《全球贸易安全与便利标准框架》（以下简称《标准框架》）目标，旨在通过加强海关与海关、海关与商界以及海关与其他政府部门的合作，从而促进全球供应链安全与贸易便利化，实现关企互利共赢、贸易畅通的一项制度。

目前中国海关已与已与新加坡、韩国、欧盟、中国香港、瑞士、以色列、新西兰、澳大利亚、日本、哈萨克斯坦、蒙古、白俄罗斯、乌拉圭、阿联酋、巴西等 15 个经济体的 42 个国家和地区签署了 AEO 互认安排，包括 18 个"一带一路"沿线国家。

（二）海关对报关单位的分类管理

目前海关依据国家倡导的社会信用体系要求，根据信用状况将报关单位认定为高级认证企业、一般认证企业、一般信用企业和失信企业 4 个类别，其中高级认证企业和一般认证企业适用 AEO 认证。同时运用诚信守法便利、失信违法惩戒原则，使其适用相应的管理措施，如表 1－6 所示。

表1-6 企业信用类别及管理措施

企业类别	信用状况	管理措施
高级认证企业	信用突出	通关便利措施
一般认证企业	信用良好	
一般信用企业	信用一般	常规管理措施
失信企业	信用差	严密监控措施

（三）海关信用管理措施

1. 高级认证企业适用的管理措施

高级认证企业除适用一般认证企业管理措施外，还适用下列管理措施：

（1）进出口货物平均查验率在一般信用企业平均查验率的20%以下；

（2）可以向海关申请免除担保；

（3）减少对企业稽查、核查频次；

（4）可以在出口货物运抵海关监管区之前向海关申报；

（5）海关为企业设立协调员；

（6）AEO互认国家或者地区海关通关便利措施；

（7）国家有关部门实施守信联合的激励措施；

（8）因不可抗力中断的国际贸易恢复后优先通关；

（9）海关总署规定的其他管理措施。

2. 一般认证企业适用的管理措施

（1）进出口货物平均查验率在一般信用企业平均查验率的50%以下；

（2）优先办理进出口货物通关手续；

（3）海关收取的担保金额可以低于其可能承担的税款总额或者海关总署规定的金额；

（4）海关总署规定的其他管理措施。

3. 失信企业适用的管理措施

（1）进出口货物平均查验率在80%以上；

（2）不予免除查验没有问题企业的吊装、移位、仓储等费用；

（3）不适用汇总征税制度；

（4）除特殊情形外，不适用存样留像放行措施；

（5）经营加工贸易业务的，全额提供担保；

（6）提高对企业稽查、核查频次；

（7）国家有关部门实施的失信联合惩戒措施；

（8）海关总署规定的其他管理措施。

 拓展

资料一：高级认证AEO企业可享受免除担保、适用较低查验率、优先通关、专享企业协调员服务、出口提前申报等多项通关便利。以查验为例，高级认证AEO企业2018年进出口平均查验率为0.56%，分别比一般认证AEO企业和一般信用企业低70.37%和81.21%；

2019 年 1—9 月进出口平均查验率为 0.62%，分别比一般认证企业和一般信用企业低 65.4% 和 76.4%。

资料二：某口岸 2017 年各类企业年度查验率和通关时间（见图 1-2）。

图 1-2　某口岸 2017 年各类企业年度查验率和通关时间

资料三：视频资料（AEO 拓展处的视频）。

问题 1：结合视频、图例学习资料，如何比较 AEO 认证企业的通关优势？

问题 2：如何理解海关对报关单位适用"诚信守法便捷通关，失信违规重点监管"的管理原则？

（四）海关信用等级查询

在中国海关企业进出口信用信息公示平台（http：//credit. customs. gov. cn）查询。

三、报关员的职责与管理

报关员的工作日志

工作记录一：根据企业提交的原始资料，并多次和企业电话核实信息，以便确认 HS 编码是否正确。如果 HS 不准确，会影响到后面海关的审核与通关，同时也影响到企业税费、批件等问题。在确定 HS 编码之后，对申报资料进行"合理审查"，确定单据一致、准确和完整。

工作记录二：将核实无误的报关内容录入单一窗口系统中，并打印出样单，再次核对商品名称、数量、单价等信息后提交上报，等待海关审单中心审结电子数据。

工作记录三：接到海关布控消息后，准备单据，联系海关工作人员，来到查验地点，配合查验。

以上是报关员的部分工作。报关员有哪些工作职责？又有哪些新的变化呢？

（一）报关员的权利、义务和法律责任

报关员指依法取得报关员从业资格，并在海关注册，向海关办理进出口货物报关业务的人员。

1. 报关员的权利

（1）根据海关规定，代表所属报关单位办理进出口货物的报关业务；

（2）有权拒绝办理所属单位交办的单证不真实、手续不齐全的报关业务；

（3）根据我国海关法及有关法律规定，对海关的行政处罚决定不服的，有权向海关申请复议，或者向人民法院起诉；

（4）有权根据国家法律法规对海关工作进行监督，并有权对海关工作人员的违法、违纪行为进行检举、揭发和控告；

（5）有权举报报关活动中的走私违法行为。

2. 报关员的义务

（1）遵守国家有关法律、法规和海关规章，熟悉所申报货物的基本情况；

（2）提供齐全、正确、有效的单证，准确填制进出口货物报关单，并按有关规定办理进出口货物的报关手续；

（3）海关检查进出口货物时，应按时到场，负责搬移货物、开拆和重封货物的包装；

（4）在规定的时间，负责办理缴纳所报货物的各项税费手续、海关罚款手续和销案手续；

（5）配合海关对企业的稽查和对走私、违规案件的调查；

（6）协助本企业完整保存各种原始报关单证、票据、函电等业务资料。

3. 报关员的法律责任

（1）报关员因工作疏忽造成应当申报的项目未申报或者申报不实的，海关可以暂停其6个月以内的报关执业，情节严重的，取消从业资格。

（2）被海关暂停报关执业，恢复从事有关业务后1年内再次被暂停报关执业的，海关可以取消其报关从业资格。

（3）非法代理他人进行报关或者超出海关准予的从业范围的，处5万元以下罚款，暂停其6个月以内报关执业，情节严重的，取消从业资格。

（4）向海关工作人员行贿的，取消其从业资格，并处10万元以下罚款。构成行贿罪的，不得重新取得报关从业资格。

（5）海关对于未取得报关从业资格从事报关业务的（无证从业），予以取缔，没收违法所得，可以并处10万元以下罚款。

（6）提供虚假资料骗取海关注册登记、报关从业资格的，取消其报关从业资格，并处30万元以下罚款。

（7）海关予以警告并处人民币2 000元以下罚款的情形：有报关员执业禁止行为的；报关员海关注册内容发生变更，未按规定向海关办理变更手续的。

（二）报关员的管理与记分考核

记分考核管理办法是一种教育和管理措施，不是行政处罚。需要注意的是：违反海关监管规定、走私行为等其他违法行为，由海关处以暂停执业、取消报关从业资格处罚的，按照《海关行政处罚实施条例》等规定处理，如表1-7所示。

表1-7　记分管理量化标准

记1分	记2分	记5分	记10分	记20分	记30分
①填制不规范；②放行前修改；③未按规定盖章；④未按规定签字	①放行前撤销；②拒不解释、拒不提供样品	①放行后修改、撤销（因出口更换仓单的除外）；②未在规定期限现场交单；③报关相差金额100万元以下、数量相差4位数以下	①报关相差金额100万元以上、数量相差4位数以上；②出借、借证、涂证	违规行为	走私行为

计分周期：每年1月1日至12月31日。

记分考核管理的救济途径：

自收到电子或纸质告知单之日起7日内向做出该记分行政行为的海关提出书面申辩，海关应当在接到申辩申请7日内做出答复。

岗位考核：

记分达30分的报关员，海关中止其报关员证效力，不再接受其报关。报关员应当参加注册登记地海关的报关业务岗位考核，经岗位考核合格之后，方可重新上岗。

 加 油 站

国内一家企业出口货物到美国，该企业向国内某报关行提供了商品HS编码，按此编码申报，出口退税率是13%、查验概率低，后报关员认为应按另一HS编码进行申报（如采用该HS编码申报，货物查验率低，但出口退税为零）。报关员在实际申报时按照后一种HS编码进行，且未明确告知客户。后来这批货物顺利通关后，最后货主去办理退税手续时发现实际申报的HS编码与他们所提供的编码不一致，且出口退税为零，因此要求报关员改单，仍按原HS编码进行申报。

问题：

1. 如果报关员在海关放行后提出改单，报关员将因此被扣多少分？

2. 作为报关员，你从本案例中得到什么启发？

认识对外贸易管制

　　某公司出口一批产品，报关员拿到企业提交的发票、提单、装箱单等全套单据后，登录系统进行电子申报，结果申报数据被海关退回，原因是未完整取得出口单据，需办理齐全手续后申报。后来，报关员对该批货物的监管条件进行重新审定，发现根据海关监管要求，该批货物在出口时需要提交出口许可证。

　　案例启发：在进出口货物通关中，要特别关注国家外贸管制和海关监管要求，只有准备好必需的进出口监管单证，才能顺利通关。

任务1　认识对外贸易管制

一、对外贸易管制及实现途径

　　对外贸易管制是指一国政府为了国家的宏观经济利益、因国内外政策需要以及履行所缔结或加入的国际条约的义务，确立实行各种制度、设立相应管理机构和规范对外贸易活动的总称。其目的实保护本国经济利益、发展本国经济、推行本国的外交政策，以及行使国家职能，属于政府的强制性行政管理行为。

　　国家对外贸易管制的目标是以对外贸易管制法律、法规为保障，依靠政府行政管理手段来最终实现的。

（一）海关监管是实现对外贸易管制的重要手段

　　对外贸易管制是通过国家商务主管部门及其他政府职能部门依据国家贸易管制政策发放各类许可证件或者下发相关文件，最终由海关依据许可证件及其他单证（提单、发票、合同等）对实际进出口货物合法性的监督管理来实现的。海关执行国家贸易管制政策是通过对进出口货物的监管来实现的。海关作为进出关境监督管理机关，依据《中华人民共和国海关法》所赋予的权力，代表国家在口岸行使进出境监督管理职能，这种特殊的管理职能决定了海关监管是实现贸易管制目标的有效行政管理手段。

（二）报关是海关确认进出口货物合法性的先决条件

《中华人民共和国海关法》第二十四条规定："进口货物的收货人、出口货物的发货人应当向海关如实申报，交验进出口许可证件和有关单证。国家限制进出口的货物，没有进出口许可证件的，不予放行。""单"（包括报关单在内的各类报关单据及其电子数据）、"证"（各类许可证件、相关文件及其电子数据）、"货"（实际进出口货物）这三大要素相符，是海关确认货物合法进出口的必要条件。对进出口受国家贸易管制的货物，只有在通过审核确认达到"单单相符""单货相符""单证相符""证货相符"的情况下，海关才可放行。因此，报关不仅是进出口货物收发货人或其代理人必须履行的手续，也是海关确认进出口货物合法性的先决条件。

实现对外贸易管制的途径就是海关监管。①政府其他部门发证，进出口人领证；②海关验放通关时查证，到货、报关时，应当交证而不能提交的，通常按照"无证到货"处理。

案例分析

钢铁贸易领域纠纷与摩擦

请仔细阅读相关背景资料，并思考以下问题。

背景资料一：

近年来，全球钢铁行业出现产能过剩，我国产能利用率略高于世界平均水平，但同样存在钢铁生产结构性过剩的问题。在全球性钢铁生产过剩的背景下，作为世界第一钢铁生产国的中国却被质疑钢铁出口存在倾销和补贴行为，一些国家相继发起反倾销和反补贴调查。实际情况真是这样吗？

近年来中国对部分钢铁征收出口关税；作为钢铁消费大国，中国从其他国家进口大量钢铁，对部分国家的钢铁贸易出现逆差。

背景资料二：

为促进钢铁行业转型升级和高质量发展，根据《国务院关税税则委员会关于进一步调整钢铁产品出口关税的公告》（税委会公告〔2021〕6号），自2021年8月1日起，取消高纯生铁、铬铁出口暂定税率，恢复实施20%和40%的出口税率。具体如下：

1. 高纯生铁（含锰量＜0.08%，含磷量＜0.03%，含硫量＜0.02%，含钛量＜0.03%），政策调整前适用15%的出口暂定税率；调整后，出口暂定税率取消，上述产品恢复实施20%出口关税。

2. 铬铁，按重量计含碳量不同分别归入税则号列72024100（按重量计含碳量在4%以上）和72024900（按重量计含碳量不超过4%），政策调整前适用20%的出口暂定税率，调整后出口暂定税率取消，上述产品恢复实施40%出口关税。

问题：

1. 结合钢铁在现代国家工业化过程中的作用，结合中国实际，分析中国对钢铁出口的基本态度，是鼓励出口还是限制出口？

2. 中国在执行钢铁进出口贸易政策过程中主要采取了哪些贸易管制措施？

钢铁贸易阅读材料

二、我国对外贸易管制的基本框架和法律体系

（一）基本框架

我国对外贸易管制制度是一种综合管理制度，包括海关监管制度、关税制度、对外贸易经营者管理制度、进出口许可制度、出入境检验检疫制度、进出口货物收付汇管理制度以及贸易救济制度等。

（二）法律体系

对外贸易管制涉及的法律渊源只限于宪法、法律、行政法规、部门规章、国际条约，如《中华人民共和国对外贸易法》《中华人民共和国货物进出口管理条例》《货物进出口许可证管理办法》《关于消耗臭氧层物质的蒙特利尔议定书》等，不包括地方性法规、规章，也不包括各民族自治区政府的地方条例和单行条例。

任务 2　认识我国货物、技术进出口许可管理制度

进出口许可制度作为一项非关税措施，是世界各国管理进出口的一种常见手段，在国际贸易中广泛运用。《中华人民共和国对外贸易法》把对外贸易按对象划分为货物进出口、技术进出口和国际服务贸易。

在我国，对于那些属于国家进出口许可管理范围的货物和技术（定期由国务院下属相关部门制定、调整并公布目录），依法获取进出口许可证是企业进出口这些货物或技术的必要条件。同时，国家有关主管部门对于一些特殊进出口商品，如濒危野生动植物的进出口、敏感物项和技术的出口、药品药材的进出口、文物的出口、黄金及其制品的进出口、音像制品的进口和废物进口等，要求事先申领批准文件或许可证明。这些许可证件和批文，作为允许相关货物或技术进出口的证明文件，报关时，必须向海关交验，否则海关不予放行。我国关于货物、技术进出口许可证件和批准文件的管理范围、内容和管理程序的规定，构成了我国货物、技术的进出口许可制度。

一、禁止进出口的管理

（一）禁止进出口货物的管理

1. 禁止进口的货物

（1）列入《禁止进口货物目录》的商品：

《禁止进口货物目录》第一批、第六批：为了保护我国的自然生态环境和生态资源，履行我国所缔结或者参加的国际条约、协定，例如，禁止进口破坏臭氧层物质的四氯化碳，禁

止进口属世界濒危物种管理范围的犀牛角、麝香、虎骨等。《禁止进口货物目录》第二批：旧机电产品类产品。《禁止进口货物目录》第三、第四、第五批：涉及的是对环境有污染的固体废物类。《禁止进口货物目录》第六批：为保护人的健康，维护环境安全，淘汰落后产品，例如禁止进口长纤维青石棉等。

（2）国家有关法律法规明令禁止进口的商品：

来自动植物疫情流行的国家和地区的有关动植物及其产品和其他检疫物；动植物病原及其他有害生物、动物尸体、土壤；带有违反"一个中国"原则内容的货物及其包装；氯氟羟物质为制冷剂、发泡剂的家用电器产品和以氯氟羟物质为制冷工质的家用电器用压缩机；滴滴涕、氯丹等；莱克多巴胺和盐酸莱克多巴胺。

（3）其他各种原因停止进口的商品：

以 CFC – 12 为制冷工质的汽车及以 CFC – 12 为制冷工质的汽车空调压缩机（含汽车空调器）；旧衣服；Ⅷ因子制剂等血液制品；氯酸钾、硝酸钾。

2. 禁止出口的货物

（1）列入《禁止出口货物目录》的商品：

《禁止出口货物目录》第一批：为保护我国的自然生态环境和生态资源，根据我国所缔结或者参加的国际条约、协定，禁止出口的货物，例如四氯化碳、犀牛角、麝香、虎骨、发菜、麻黄草等。

《禁止出口货物目录》第二批：为保护我国匮乏的森林资源，禁止出口的货物，例如木炭。

《禁止出口货物目录》第三批：为保护人的健康，维护环境安全，淘汰落后产品，禁止出口的货物，例如长纤维青石棉等。

《禁止出口货物目录》第四批：主要包括硅砂、石英砂及其他天然砂。

《禁止出口货物目录》第五批：包括无论是否经化学处理过的森林凋落物以及泥炭（草炭）。

（2）国家有关法律法规明令禁止出口的商品：

未定名的或者新发现并有重要价值的野生植物；原料血浆；商业性出口的野生红豆杉及其部分产品；劳改产品；以氯氟羟物质为制冷剂、发泡剂的家用电器产品和以氯氟羟物质为制冷工具的家用压缩机；滴滴涕、氯丹等；莱克多巴胺和盐酸莱克多巴胺。

（二）禁止进出口技术的管理

1. 禁止进出口的技术

根据《中华人民共和国对外贸易法》《中华人民共和国技术进出口管理条例》以及《禁止进口限制进口技术管理办法》的有关规定，国务院外经贸主管部门会同国务院有关部门，制定、调整并公布禁止进口的技术目录。属于禁止进口的技术，不得进口。

目前我国禁止进口的技术涉及钢铁冶金和有色冶金、化工、石油炼制、石油化工、消防、电工、轻工、印刷、医药、建材生产技术等技术领域。

2. 禁止出口的技术

中国禁止出口技术的参考原则：

（1）为维护国家安全、社会公共利益或公共道德，需要禁止出口的。

（2）为保护人的健康或安全，保护动物、植物的生命或健康，保护环境，需要禁止出口的。

（3）依据法律、行政法规的规定，其他需要禁止出口的。

（4）根据我国缔结或参加的国际条约、协定的规定，其他需要禁止出口的。

二、限制进出口的管理

（一）限制进出口货物的管理

1. 限制进出口的货物

我国限制进口货物管理按照其管理方式划分为许可证件管理和关税配额管理。

许可证件管理，是指进口货物进口时需要向国家商务主管部门申领许可证件，凭许可证件办理海关手续。许可证件管理的实施包括：①进口许可证；②两用物项和技术进口许可证；③濒危物种进口；④限制类可利用固体废物进口；⑤药品进口；⑥音像制品进口；⑦有毒化学品进口；⑧黄金及其制品进口。

关税配额管理，是指一定时期内（一般是 1 年），国家对部分商品的进口制定关税配额税率并规定该商品进口数量总额。在限额内，经国家批准后允许按照关税配额税率征税进口，如超出限额则按照配额外税率征税进口的措施。关税配额管理是一种利用税率的差异来限制进口数量的相对管理。

2. 限制出口的货物

国家规定有数量限制的出口货物，实行配额管理；其他限制出口的货物，实行非配额管理，即许可证件管理。

出口配额限制是一种绝对的数量限制。配额的取得分直接分配和招标两种形式。申请者取得配额证明后，凭配额证明到国务院商务主管部门或其授权发证机关申领出口许可证，否则不得出口配额管理的货物。

非出口配额限制管理主要包括出口许可证、濒危物种出口、两种物项出口、黄金及其制品出口等许可管理。

（二）限制进出口技术的管理

1. 限制进口的技术

限制进口的技术实行目录管理，属于目录范围内的限制进口技术，实行许可证管理。限制进口技术的经营者在向海关申报进口手续时，必须主动递交由国务院商务主管部门颁发的"中华人民共和国技术进口许可证"，凭证向海关办理进口通关手续。

2. 限制出口的技术

出口属于限制出口的技术，应当向商务主管部门提出技术出口申请，获得批准后取得技术出口许可证件，凭证向海关办理通关手续。

三、自由进出口的管理

除国家禁止、限制进出口的货物、技术以外的其他货物、技术，均属于自由进出口范围。

国家对部分属于自由进口的货物实行自动进口许可管理，对自由进出口的技术实行技术进出口合同登记管理。

（一）货物自动进口许可管理

自动进口许可管理是在任何情况下对进口申请一律予以批准的进口许可制度，通常用于国家对这类货物的统计和监督。在进口前，经营者需要向有关主管部门提交自动进口许可申请，凭相关部门发放的自动进口许可证向海关办理报关手续。

（二）技术进出口合同登记管理

经营属于自由进出口的技术时，应当向国务院商务主管部门或者其委托的机构办理合同备案登记，国务院商务主管部门应当自收到规定的文件之日起3个工作日内对技术进口合同进行登记，颁发技术进出口合同登记证，申请人凭技术进出口合同登记证办理外汇、银行、税务、海关等相关的手续。

四、其他贸易管制制度

（一）对外贸易经营资格管理制度

我国对外贸易经营者的管理实行备案登记制。依法定程序在商务主管部门备案登记，取得对外贸易经营资格后，方可在国家允许的范围内从事对外贸易经营活动。

对外贸易经营者在本地区备案登记机关办理备案登记。登记程序如下：

（1）领取"对外贸易经营者备案登记表"（以下简称登记表）。

对外贸易经营者可以通过商务部政府网站下载或到所在地备案登记机关领取"登记表"。

（2）填写"登记表"，并由企业法定代表人或个体工商负责人签字、盖章。

（3）向备案登记机关提交如下备案登记材料：①登记表；②营业执照复印件；③组织机构代码证书复印件；④对外贸易经营者为外商投资企业的，还应提交外商投资企业批准证书复印件；⑤依法办理工商登记的个体工商户（独资经营者），须提交合法公证机构出具的财产公证证明；依法办理工商登记的外国（地区）企业，须提交经合法公证机构出具的资金信用证明文件。

备案登记机关应自收到对外贸易经营者提交的上述材料之日起5日内办理备案登记手续，在登记表上加盖备案登记印章。

（二）出入境检验检疫制度

我国出入境检验检疫制度的主管部门是国家市场监督管理总局。

1. 出入境检验检疫职责范围

（1）"法检目录"列名的商品称为法定检验商品，即国家规定要求实施强制性检验的进出境商品。

（2）对于法定检验以外的进出境商品，检验检疫机构可以抽查的方式予以监督管理。

（3）对关系国计民生、价值较高、技术复杂或涉及环境卫生、疫情标准的重要进出口商品，在出口国装运前进行预检验、监造或监装，以及保留到货后最终检验和索赔的条款。

对列入"法检目录"以及其他法律法规规定需要检验检疫的货物进出口时，在办理进出口通关手续前，必须先向口岸检验检疫机构报检。海关凭"入境货物通关单"或"出境货物通关单"验放，实行"一批一证制"。

2. 出入境检验检疫制度的组成

我国出入境检验检疫制度内容包括进出口商品检验制度、进出境动植物检疫制度、国境卫生监督制度。

（1）我国实行进出口商品检验制度的目的是保证进出口商品的质量，维护对外贸易有关各方的合法权益，促进对外贸易的顺利发展。商品检验分为四类：法定检验、合同检验、公证鉴定、委托检验。商检的商品根据情况按国家强制性标准或合同约定标准进行检验。

（2）实施进出境动植物检疫的目的是防止动植物传染病，寄生虫病，植物危险性病、虫、杂草以及其他有害生物传入、传出国境，保护农、林、牧、渔业生产和人体健康，促进对外经济贸易的发展。检疫的内容有：进境检疫、出境检疫、过境检疫、进出境携带和邮寄物检疫以及出入境运输工具检疫。

（3）国境卫生监督制度是指出入境检验检疫机构根据规定在进出口口岸对出入境的交通工具、货物、运输容器以及口岸辖区的公共场所、环境、生活设施、生产设备所进行的卫生检查、鉴定、评价和采样检验的制度。国境卫生监督制度实施的目的是防治传染病由国外传入或者由国内传出，实施国境卫生检疫，保护人体健康。

 拓 展

文华公司申报一批进口货物，海关工作人员现场查验时发现该批货物包装物为木托盘，且未申报、无 IPPC 标识。经海关查实，未申报行为系报检公司工作人员未认真核实文华公司提交的单证及货物真实情况所致，根据《中华人民共和国进出境动植物检疫法实施条例》的规定，对该批无 IPPC 专用标识的木质包装做销毁处理，同时对该报检公司实施相应处罚。

解答：本笔业务包装物为木托盘，属于木质包装，涉及木质包装物应向海关申报，这是企业的强制性义务，且进境木质包装应有 IPPC 标识，如无 IPPC 标识或者 IPPC 标识不符合要求，则不符合我国法律规定的准入条件，基于上述两点，海关予以上述处理。

IPPC 及木质包装海关监管

（三）进出口货物收付汇管理制度

进出口货物收付汇管理制度是国家外汇管理局、中国人民银行及国务院其他部门，根据《中华人民共和国外汇管理条例》及相关法律、法规、条例，对各类外汇业务、人民币汇率生成机制和外汇市场等实行监督管理的制度。

自 2012 年 8 月 1 日起，取消出口收汇核销单（以下简称核销单），企业不再办理出口收汇核销手续，办理出口报关时不再提供核销单。企业申报出口退税时，也不再提供核销单。税务局参考外汇局提供的企业出口收汇信息和分类情况，依据相关规定，审核企业出口退税。外汇局对企业的贸易外汇管理方式由现场逐笔核销改变为非现场总量核查。外汇局通过货物贸易外汇监测系统，全面采集企业货物进出口和贸易外汇收支逐笔数据，定期比对、评估企业货物流与资金流总体匹配情况，便利合规企业贸易外汇收支；对存在异常的企业进行重点监测，必要时实施现场核查。

外汇局根据企业贸易外汇收支的合规性及其与货物进出口的一致性，将企业分为 A、B、

C 三类。A 类企业进口付汇单证简化，可凭进口报关单、合同或发票等任何一种能够证明交易真实性的单证在银行直接办理付汇，出口收汇无须联网核查；银行办理收付汇审核手续相应简化；对 B、C 类企业在贸易外汇收支单证审核、业务类型、结算方式等方面实施严格监管。B 类企业贸易外汇收支由银行实施电子数据核查。C 类企业贸易外汇收支须经外汇局逐笔登记后办理。

（四）贸易救济措施

贸易救济措施包括反倾销措施、反补贴措施、保障措施（见表 1-8）。

表 1-8　反倾销、反补贴和保障措施三类管理措施对比

三类管理措施对比	反倾销	反补贴	保障措施
适用对象	1. 出口商的个人行为造成低于正常价格的低价格 2. 对国内同类产业造成损害	1. 出口国的政府补贴造成低于正常价格的低价格 2. 对国内同类产业造成损害	1. 进口产品数量激增 2. 对国内产业造成难以补救的损失
临时阶段	1. 征收临时反倾销税 2. 要求提供保证金、保函或者其他形式的担保（此期间不超过 4 个月，可延至 9 个月）	采取以保证金或者保函作为担保的征收临时反补贴税的形式（此期间不超过 4 个月，不能延长）	采取提高关税的形式（此期间不超过 200 天）
最终阶段	征收反倾销税	征收反补贴税	采取提高关税、数量限制和关税配额等形式（全部实施期限不超过 10 年）

反补贴措施、反倾销措施是针对价格歧视行为而采取的措施；保障措施是针对进口产品数量激增的情况采取的措施。

1. 反倾销措施

反倾销措施包括临时反倾销措施和最终反倾销措施。

临时反倾销措施是指被调查产品的进口方政府经反倾销调查后，初步认定存在倾销并且认定倾销给其国内产业造成了损害，而对外国进口产品采取的临时限制进口的措施。这一措施的主要形式包括征收临时反倾销税和要求提供现金保证金、保函或其他形式的担保两种。

临时反倾销措施实施的期限：自临时反倾销措施决定公告规定实施之日起，不超过 4 个月，特殊情况可以延长至 9 个月。

最终反倾销措施是指对终裁决定倾销成立并由此对国内产业造成损害的，可以征收反倾销税。

2. 反补贴措施

反补贴措施包括临时反补贴措施和最终反补贴措施。

初裁确定补贴成立并由此对国内产业造成损害的，可采取临时反补贴措施。临时反补贴措施采取以保证金或者保函作为担保的征收临时反补贴税的形式。自临时反补贴措施决定公告规定实施之日起，临时反补贴措施的实施不超过 4 个月。

对终裁确定倾销成立并由此对国内产业造成损害的,可以征收反补贴税。

3. 保障措施

在有明确证据证明进口产品数量激增、将对国内产业造成难以补救的损害的紧急情况下,可以采取临时保障措施。自临时保障措施决定公告规定实施之日起,不得超过200天,此期限计入保障措施总期限。

最终保障措施可以采取提高关税、数量限制等形式。保障措施的实施期限一般不超过4年。特殊情况可延长,但保障措施全部实施期限不得超过10年。

五、我国对外贸易管制主要管理措施

(一)进出口许可证管理

1. 许可范围

进出口许可证管理的主管部门是商务部。

许可证的发证机关包括:商务部配额许可证事务局、商务部驻各地特派员办事处、地方发证机构〔包括各省、自治区、直辖市、计划单列市以及商务部授权的其他省会城市的商务厅(局)、外经贸委(厅、局)〕。

2012年实施进口许可证管理的商品有:消耗臭氧层物质和重点旧机电产品两类。其中重点旧机电产品的发证机关是商务部配额许可证事务局;消耗臭氧层物质的发证机关是各地方发证机构;在京中央管理企业的进口,由商务部配额许可证事务局签发许可证。

2012年实行出口许可证管理的商品有49种,分为出口配额许可证管理商品、出口配额招标管理商品、出口许可证管理商品三类。

(1)实行出口配额许可证管理的商品是:小麦、玉米、大米、小麦粉、玉米粉、大米粉、棉花、锯材、活牛(对港澳)、活猪(对港澳)、活鸡(对港澳)、煤炭、焦炭、原油、成品油、稀土、锑及锑制品、钨及钨制品、锌矿砂、锡及锡制品、白银、铟及铟制品、钼、磷矿石。

(2)实行出口配额招标管理的商品是:蔺草及蔺草制品、碳化硅、滑石块(粉)、镁砂、矾土、甘草及甘草制品。

(3)实行出口许可证管理的商品是:活牛(对港澳以外市场)、活猪(对港澳以外市场)、活鸡(对港澳以外市场)、冰鲜牛肉、冻牛肉、冰鲜猪肉、冻猪肉、冰鲜鸡肉、冻鸡肉、消耗臭氧层物质、石蜡、锌及锌基合金、部分金属及制品、铂金(以加工贸易方式出口)、汽车(包括成套散件)及其底盘、摩托车(含全地形车)及其发动机和车架、天然砂(含标准砂)、钼制品、柠檬酸、维生素C、青霉素工业盐、硫酸二钠。

发证机构分为三种情况:商务部配额许可证事务局负责玉米、小麦、棉花、煤炭、原油、成品油6类商品;各地特派员办事处负责大米、玉米粉、锯材、活牛、焦炭、稀土、锑及锑制品等26类商品;地方发证机构负责消耗臭氧层物质、石蜡等11类商品。

2. 办理程序

(1)进口消耗臭氧层物质以及实行出口许可证管理的商品。在组织进出口该类应证商品前,经营者应事先向主管部门申领进出口许可证,可通过网上和书面两种形式申领。发证机构自收到符合规定的申请之日起3个工作日内发放进出口许可证。特殊情况下,进口许可证最多不超过10个工作日。

（2）进口重点旧机电产品。经营者应事先向商务部配额许可证事务局申领进口许可证，可通过网上和书面两种形式申领。进口许可证应由旧机电产品进口的最终用户提出申请，并且申请企业具备从事重点旧机电产品用于翻新（含再制造）的资质。商务部配额许可证事务局应在正式受理后 20 日内决定是否批准进口申请；如需征求相关部门或行业协会意见的，商务部应在正式受理后 35 日内决定是否批准进口申请。

3. 报关规范

（1）进口许可证的有效期为 1 年，当年有效。特殊情况需跨年度使用时，有效期最长不得超过次年 3 月 31 日，逾期自行失效。

（2）出口许可证的有效期最长不得超过 6 个月，且有效期截止时间不得超过当年 12 月 31 日。

（3）进出口许可证一经签发，不得擅自更改证面内容。

（4）进出口许可证实行"一证一关"，一般情况实行"一批一证"。如要实行"非一批一证"，发证机关在签发许可证时在许可证的备注栏中注明"非一批一证"字样，但使用最多不超过 12 次。

（5）对实行"一批一证"进出口许可证管理的大宗、散装货物，以出口为例，溢短装数量在货物总量 5% 以内予以免证，其中原油、成品油在货物总量 3% 以内予以免证。"非一批一证"的，在最后一批货物出口时，应按该许可证实际剩余数量溢装上限，即 5%（原油、成品油溢装上为 3%）以内计算免证数额。

（二）两用物项和技术进出口许可管理

两用物项是指军民两用的敏感物项和易制毒化学品。两用物项和技术是指敏感物项和技术、易制毒化学品和其他的总称。其中，敏感物项和技术包括核两用物项和技术、生物两用物项和技术、化学两用物项和技术、监控化学品和导弹相关物项和技术；易制毒化学品指可用于制造毒品的化学品。

两用物项和技术进出口许可管理的主管部门是商务部。

发证机关是商务部配额许可证事务局、受商务部委托的省级商务主管部门。

1. 管理范围

对于列入《两用物项和技术进出口许可证管理目录》的，统一实行两用物项和技术进出口许可证管理。如出口经营者拟出口的物项和技术存在被用于大规模杀伤性武器及其运载工具风险的，无论是否列入目录，都应办理两用物项和技术出口许可证。

2. 办理程序

经营者在进出口前获得相关行政主管部门批准文件后，凭批准文件到所在地发证机构申领两用物项和技术进出口许可证（在京的企业向商务部配额许可证事务局申领）。

两用物项和技术进出口许可证实行网上申领。

发证机构收到相关行政主管部门批准文件和相关材料并经核对无误后，应在 3 个工作日内签发两用物项和技术进口或出口许可证。

3. 报关规范

（1）进出口时经营者应当主动向海关出具有效的两用物项和技术进出口许可证。

（2）当海关对于进出口的货物是否属于两用物项和技术提出疑问时，经营者应按规定向主管部门申请进口或者出口许可，或者向商务主管部门申请办理不属于管制范围的相关证明。

（3）两用物项和技术进口许可证实行"非一批一证"和"一证一关"制；两用物项和技术出口许可证实行"一批一证"和"一证一关"制。

（4）两用物项和技术进出口许可证有效期一般不超过1年，跨年度使用时，在有效期内只能使用到次年3月31日，逾期发证机构将根据原许可证有效期换发许可证。

（三）自动进口许可证管理

自动进口许可证管理的主管部门是商务部。

发证机关包括商务部配额许可证事务局，商务部驻各地特派员办事处，各省、自治区、直辖市、计划单列市商务主管部门，地方机电产品进出口机构。

1. 管理范围

进口《自动进口许可证管理货物目录》目录内的商品，报关时应提交相应的自动进口许可证，但下列情形下免交：

（1）加工贸易项下进口并复出口的（原油、成品油除外）。

（2）外商投资企业作为投资进口或者投资额内生产自用的（旧机电产品除外）。

（3）货样广告品、实验品进口，每批次价值不超过5 000元人民币的。

（4）暂时进口的海关监管货物。

（5）进入保税区、出口加工区等海关特殊监管区域及进入保税仓库、保税物流中心的属自动进口许可管理的货物。

（6）加工贸易项下进口的不作价设备监管期满后留在原企业使用的。

（7）国家法律法规规定其他免领进口许可证的。

2. 办理程序

（1）进口属于自动进口许可管理的货物，收货人在办理海关报关手续前，应向所在地或相应的发证机构提交自动进口许可证申请，并取得自动进口许可证。

（2）收货人可通过书面申请，也可通过网上申请。发证机构收到符合规定的申请后，应当予以签发自动进口许可证，最多不超过10个工作日。

（3）对于已申领的自动进口许可证，如未使用应当在有效期内交回发证机构，并说明原因。

（4）自动进口许可证如有遗失，应书面报告挂失。原发证机构经核实无不良后果的，予以重新补发。

（5）对于自动进口许可证自签发之日起1个月后未领证的，发证机构予以收回并撤销。

3. 报关规范

（1）自动进口许可证有效期为6个月，但仅限公历年度内有效。

（2）自动进口许可证实行"一批一证"管理，对部分货物可实行"非一批一证"管理。对实行"非一批一证"管理的，在有效期内可以分批次累计报关使用，但累计使用不得超过6次。

（3）对实行"一批一证"的自动进口许可证管理的大宗、散装货物，溢装数量在货物总量5%内予以免证；原油、成品油、化肥、钢材在总量3%内予以免证。"非一批一证"的，在最后一批货物进口时，应按该自动进口许可证实际剩余数量的允许溢装上限，即5%（原油、成品油、化肥、钢材在溢装上限3%）以内计算免证数额。

（四）固体废物进口管理

1. 管理范围

固体废物是指《中华人民共和国固体废物污染环境防治法》管理范围内的废物，即在生产建设、日常生活和其他生活中产生的污染环境的废弃物资。包括工业固体废物、城市生活垃圾、危险废物、液态废物、置于容器中的气态废物。

固体废物进口管理的主管部门是生态环境部。

国家禁止进口不能用作原料的固体废物，限制进口可以用作原料的固体废物。对未列入《限制进口类可用作原料的废物目录》及《自动进口许可管理类可用作原料的废物目录》的固体废物，禁止进口。

2. 办理程序

国家对进口可用作原料的固体废物的国内收货人及国外供货商实行注册登记制度。国外供货商应当取得国务院质量监督检验检疫部门颁发的注册登记证书。

（1）固体废物利用单位向生态环境部提出废物进口申请并获取"废物进口许可证"后才能组织进口。

（2）进口固体废物在境外起运前，应当由国务院质量监督检验检疫部门指定的装运前检验机构实施装运前检验，检验合格后出具装运前检验证书。

（3）进口固体废物运抵口岸后，口岸检验检疫机构凭环保部签发的废物进口许可证、装运前检验证书及其他必要单证受理报检，合格的，向报检人出具"入境货物通关单"。

（4）海关凭"废物进口许可证""入境货物通关单"及其他必要单据办理通关手续。

3. 报关规范

（1）废物进口许可证当年有效，因故未在当年使用完的，企业可以提出延期申请。发证机关扣除已使用的数量后，重新签发许可证，并在备注栏注明"延期使用"和原证号，并且只能延期一次，延期最长不超过60天。

（2）废物进口许可证实行"一证一关"，一般实行"非一批一证"管理。

（3）对废金属、废塑料、废纸进口实施分类运输管理，不得与其他非重点固体废物及不属于固体废物的货物混合装运于同一集装箱内。

（4）海关特殊监管区域和场所单位不得以转口货物为名存放进口固体废物。

（五）进口关税配额管理

1. 实施关税配额管理的农产品

2012年实施进口关税配额管理的农产品包括小麦、玉米、稻谷和大米、棉花、食糖、羊毛及毛条。主管部门是商务部、国家发展改革委。

（1）农产品进口关税配额为全球关税配额。海关凭商务部、发展改革委各自授权机构向最终用户发放的，并加盖"商务部农产品进口关税配额证专用章"或"国家发展和改革委员会农产品进口关税配额证专用章"的"农产品进口关税配额证"办理验放手续。

（2）"农产品进口关税配额证"实行"非一批一证"制，最终用户需分批进口的，凭"农产品进口关税配额证"可多次办理通关手续，直至海关核准栏填满为止。有效期为每年1月1日起至当年的12月31日，如需延期，应向原发证机构申请办理换证，但延期最迟不得超过下一年2月底。

（3）农产品进口关税配额的申请期为每年10月15日至30日，商务部、发展改革委分别在申请期前 1 个月在《国际商报》《中国经济导报》及两部门网站上公布每种农产品下一年度进口关税配额总量，关税配额申请条件及产品的税则和适用税率。商务部公布并由商务部授权机构负责受理本地区申请的商品为：食糖、羊毛、毛条。发展改革委公布并由发展改革委授权机构负责受理本地区内申请的商品为：小麦、玉米、大米、棉花。

（4）农产品进口关税配额的分配是根据申请者的申请数量和以往进口实绩、生产能力、其他相关商业标准或根据先来先领的方式进行分配。

2. 实施关税配额管理的工业品

2012 年实施进口关税配额管理的工业品包括尿素、磷酸氢二铵、复合肥三种农用肥料。主管部门是商务部。

（1）化肥进口关税配额为全球配额。关税配额内化肥进口时，海关凭进口单位提交的"化肥进口关税配额证明"，按配额内税率征税，并验放货物。

（2）商务部负责在化肥进口关税总量内，对化肥进口关税配额进行分配。商务部于每年的 9 月 15 日至 10 月 14 日公布下一年度的关税配额数量。申请单位应在当每年的 10 月 15 日至 30 日向商务部提出化肥关税配额的申请，商务部于每年 12 月 31 日前将化肥关税配额分配到进口用户。

（六）密码产品和含有密码技术的设备进口许可证管理

国家对密码产品和含有密码技术的设备实行限制进口管理。国家密码局会同海关总署公布《密码产品和含有密码技术的设备进口管理目录》，以签发密码进口许可证的形式，对该类产品实施进口限制管理。

1. 管理范围

管理范围是列入目录以及虽暂未列入目录但含有密码技术的进口商品。列入目录的包括 6 类商品：加密传真机、加密电话机、加密路由器、非光通信加密以太网络交换机、密码机、密码卡。

2. 报关规范

在组织进口前应事先向国际密码管理局申领密码进口许可证。

免于提交密码进口许可证的情形：加工贸易项下为复出口而进口的；由海关监管，暂时进口后复出口的；从境外进入特殊监管区域和保税监管场所的，或特殊监管区域保和税监管场所之间进出的。

从海关特殊监管区域、保税监管场所进入境内区外，需交验密码进口许可证。

进口单位知道或者应当知道其所进口商品含有密码技术，但暂未列入目录的，也应当申领密码进口许可证。

在进口环节发现应当提交而未提交密码进口许可证的，海关按有关规定进行处理。

（七）野生动植物种进出口管理

中华人民共和国濒危物种进出口管理办公室是野生动植物种进出口管理的主管部门，按《进出口野生动植物种商品目录》签发"公约证明""非公约证明"或"物种证明"。

1. "非公约证明"管理范围及报关规范

对列入《进出口野生动植物种商品目录》的属于我国自主规定管理的野生动植物产品，进出口时应办理"非公约证明"。

无论以何种方式进口列入上述目录的野生动植物及其产品，均须事先申领"非公约证明"。"非公约证明"实行"一批一证"制度。

2. "公约证明"管理范围及报关规范

"公约证明"是用来证明对外贸易经营者经营列入《进出口野生动植物种商品目录》的属于《濒危野生动植物种国际贸易公约》成员国应履行保护义务的物种合法进出口的证明文件。

无论以何种方式进口列入上述管理范围的野生动植物及其产品，均须事先申领"公约证明"。"公约证明"实行"一批一证"制度。

3. "物种证明"适用范围及报关规范

"物种证明"由国家濒危物种进出口管理办公室指定的机构出具。

列入《进出口野生动植物种商品目录》的适用"公约证明""非公约证明"管理的《濒危野生动植物种国际贸易公约》附录及国家重点保护野生动植物以外的其他列入商品目录的野生动植物及相关货物或物品和含野生动植物成分的纺织品，均须事先申领"物种证明"。

报关规范包括：

（1）"物种证明"不得转让或倒卖，不得涂改、伪造。

（2）"物种证明"分为"一次使用"和"多次使用"两种。一次使用的，有效期自签发之日起不得超过6个月。多次使用的，只适用同一物种、同一货物类型、同一报关口岸多次进出口的野生动植物，有效期截至发证当年12月31日，持证者须于1月31日之前将上一年度使用多次"物种证明"进出口有关野生动植物标本的情况汇总上报发证机关。

（3）须按"物种证明"规定范围进出口野生动植物，超越许可范围的申报行为，海关不予受理。

（4）海关对进出口列入《进出口野生动植物种商品目录》的商品以及含野生动植物成分的纺织品是否为濒危野生动植物种提出疑问的，经营者应按海关要求，申领相关证明，否则海关不予办理有关手续。

（5）对进出境货物或物品包装或说明中标注含有该目录所列野生动植物成分的，经营者应主动如实申报，海关按实际含有该野生动植物的商品进行监管。

（八）进出口药品管理

进出口药品管理的主管部门是国家食品药品监督管理总局。

药品必须由国务院批准的允许药品进口的口岸进口。目前允许进口药品的口岸包括北京、天津、上海、大连、青岛、成都、武汉、重庆、厦门、南京、杭州、宁波、福州、广州、深圳、珠海、海口、西安、南宁共19个城市所在地直属海关所辖关区口岸。

进出口药品管理属于国家限制进出口管理范畴，实行分类和目录管理。进出口药品从管理角度分为：进出口麻醉药品、进出口精神药品、进出口兴奋剂、进口一般药品。

《精神药品管制品种目录》和《麻醉药品管制品种目录》所列药品进出口时，均须取得国家食品药品监督管理总局核发的"精神药品进出口准许证"或"麻醉药品进出口准许证"，凭此证向海关办理报关手续。精神药品和麻醉药品的进出口准许证仅限在该证注明的口岸海关使用，并实行"一批一证"制度。

列入国家体育总局颁布的《兴奋剂目录》的7类药品包括：蛋白同化制剂品种、肽类激素品种、麻醉药品品种、刺激剂（含精神药品）品种、药品类易制毒化学品品种、医疗用毒性药品品种、其他品种。国家对其中的"蛋白同化剂"和"肽类激素"分别实行"进口准许证"和"出口准许证"管理，海关凭此证验放。进出口单位应事先向国家食品药监督管理局申领。"进口准许证"有效期 1 年。"出口准许证"有效期不超过 3 个月（有效期时限不跨年度）。"进出口准许证"实行"一证一关"。个人因医疗需要携带或邮寄这两类商品的，凭医疗机构处方予以验放。

国家对一般药品进口的管理实行目录管理。国家食品药品监督管理总局授权的口岸药品检验所以签发"进口药品通关单"的形式对列入目录管理的药品实行进口限制管理。进口药品通关单仅限在该单注明的口岸海关使用，并实行"一批一证"制度。

（九）美术品进出口管理

文旅部负责对美术品进出口经营活动的审批管理，海关负责对美术品进出境环节进行监管。美术品进出口管理也是一种限制进出口管理措施。

我国对美术品进出口实行专营，经营美术品进出口的企业必须在商务部门备案登记，取得进出口资质。

在美术品进出口前，向美术品进出口口岸所在地的省级文化行政部门提出申请，并提交有关的资料。向海关申报进出口时，应主动提交美术品进出口批准文件及其他有关单据。

同一批已经批准进口或出口的美术品复出口或复进口，进出口单位可持原批准文件正本到原进口或出口口岸海关办理相关手续，文化行政部门不再重复审批。

（十）音像制品进口管理

国家广播电视总局负责全国音像制品进口的监督管理和内容审查等工作。县级以上地方人民政府新闻出版行政部门依照本办法负责本行政区域内的进口音像制品的监督管理工作。各级海关在其职责范围内负责音像制品进口的监督管理工作。

音像制品成品进口业务由国家广播电视总局批准的音像制品成品进口单位经营；未经批准，任何单位或者个人不得从事音像制品成品进口业务。

国家对进口音像制品实行许可管理制度，应在进口前报国家广播电视总局进行内容审查，审查批准取得"进口音像制品批准单"后方可进口。

进口音像制品批准单的内容不得更改，如需修改，应重新办理。"进口音像制品批准单"一次报关使用有效，不得累计使用。其中，属于音像制品成品的，批准单当年有效；属于用于出版的音像制品的，批准单有效期限为 1 年。

对随机器设备同时进口以及进口后随机器设备复出口的记录操作系统、设备说明、专用软件等内容的音像制品，海关凭进口单位提供的合同、发票等有效单证验放。

（十一）其他货物进出口管理

其他货物进出口管理措施见二维码。

其他货物进出口管理措施

五、我国对外贸易管制措施报关规范

我国对外贸易管制措施报关规范如表 1 - 9、表 1 - 10 所示。

表 1-9　部分许可证件名称及代码

代码	许可证或批文名称	代码	许可证或批文名称	代码	许可证或批文名称	代码	许可证或批文名称
1	进口许可证	D	出/入境货物通关单（毛坯钻石用）	Q	进口药品通关单	g	技术出口合同登记证
2	两用物项和技术进口许可证	E	濒危物种允许出口证明书	R	进口兽药通关单	i	技术出口许可证
3	两用物项和技术出口许可证	F	濒危物种允许进口证明书	S	进出口农药登记证明	k	民用爆炸物品进出口审批单
4	出口许可证	G	两用物项和技术出口许可证（定向）	U	合法捕捞产品通关证明	m	银行调运人民币现钞进出境证明
5	纺织品临时出口许可证	I	麻醉精神药品进出口准许证	V	人类遗传资源材料出口、出境证明	n	音像制品（版权引进）批准单
6	旧机电产品禁止进口	J	黄金及黄金制品进出口准许证	X	有毒化学品环境管理放行通知单	u	钟乳石出口批件
7	自动进口许可证	L	药品进出口准许证	Z	赴境外加工光盘进口备案证明	z	古生物化石出境批件
8	禁止进口商品	M	密码产品和设备进口许可证	b	进口广播电影电视节目带（片）提取单		
A	检验检疫	O	自动进口许可证（新旧机电产品）	d	援外项目任务通知函		
B	电子底账	P	固体废物进口许可证	f	音像制品（成品）进口批准单		

表 1-10　部分许可证件管理使用规范

许可证件	办理部门	有效期	使用管理	备注
进口许可证	商务部配额许可证事务局、商务部驻各地特派员办事处、地方发证机构	1 年，当年有效，最迟延期至次年 3 月 31 日	"一证一关"，一般情况实行"一批一证"	"非一批一证"时使用最多不超过 12 次 大宗、散装货物可小幅溢短装。实行一批一证的，溢装数量在货物总量 3% 以内的原油、成品油免证，其他货物溢装数量在货物总量 5% 以内的免证 实行非一批一证的，在最后一批货物出口时，按剩余数量溢装上限为 5%（原油成品油溢装上限 3%）以内免证
出口许可证		不得超过 6 个月，当年有效		

续表

许可证件	办理部门	有效期	使用管理	备注
两用物项和技术进口许可证	许可证事务局、商务部委托的省级商务主管部门	1年，当年有效，最迟延期至次年3月31日	"非一批一证"和"一证一关"	凭批准文件才能申领两用物项和"技术进出口许可证"
两用物项和技术出口许可证			"一批一证"和"一证一关"	
自动进口许可证	商务部配额许可证事务局、商务部驻各地特派员办事处、地方发证机构、地方机电产品进出口机构	6个月，当年有效	"一批一证"，对部分货物"非一批一证"	"非一批一证"时使用最多不超过6次 大宗、散装货物可小幅溢短装
废物进口许可证	生态环境部	当年有效。延期最长不超过60天，只能延期一次	"一证一关"，一般实行"非一批一证"	需要在境外进行装运前检验
农产品进口关税配额证	商务部、发展改革委各自授权机构	当年有效，延期最迟不超过次年2月底	"非一批一证"	申请期为每年10月15日至30日
化肥进口关税配额证明	商务部授权机构	2012年规定有效期为3个月，当年有效。延期或者变更的，需重新办理		

备注：
"一批一证"表示该许可证件在有效期内只针对证件载明的某一批货物使用一次。
"非一批一证"表示该许可证件在有效期内可以多次使用。
"一证一关"表示该许可证件只能在某一个海关使用。

各类监管证件

贸易管制证件的查询应用

某公司接到客户关于以一般贸易方式出口润滑油（HS编码：2710199100）需提前办理

哪些监管证件的咨询。如果你是报关员，你会给出怎样的专业建议？

解答思路：

一、查询监管证件的途径

要确定货物进出口时是否需要相关的外贸管制证件，可通过以下途径查询：

途径一：查询《报关实用手册》和《进出口税则》等工具书。

途径二：登录相关网站查询商品的监管条件，如 https：//www.hscode.net/。

二、根据查询结果判断所需要的监管证件（见表1-11）

表1-11 监管证件代码表

基本信息	出口税率	进口税率	申报实例	贸易数据	主要企业
HS 编码：	2710199100				
中文描述：	润滑油，不含生物柴油				
CIQ 代码：	2710199100998：润滑油，不含生物柴油（其他危险化学品） 2710199100999：润滑油，不含生物柴油（其他化工产品）				
英文描述：	Lubricating oils, other than those containing biodiesel and other than waste oils				
申报要素：	0：品牌类型丨1：出口享惠情况丨2：用途丨3：从石油或沥青提取矿物油类的百分比含量丨4：品牌（中文及外文名称）丨5：型号丨6：包装规格丨7：定价方式（公式定价、现货价等)丨8：需要二次结算、不需二次结算丨9：签约日期丨10：计价日期丨11：有无滞期费（无滞期费、滞期费未确定、滞期费已申报)丨12：GTIN丨13：CAS丨14：其他				
申报要素举例：	1. 齿轮油；2. 齿轮润滑用；3. 从石油或沥青提取矿物油类的百分比含量 >70%；4. ××牌；5. 型号：××；6.1升/支；7. 现货价；8. 不需二次结算；9. 2019.05.30；10. 2019.05.30；11. 无滞期费				
单位：	千克/升①				
监管条件：	4——出口许可证 A——入境货物通关单 x——出口许可证（加工贸易） y——出口许可证（边境小额贸易）				
检疫条件：	M——进口商品检验				

根据查询得知，润滑油进出口需要提供"出口许可证"、出入境检验检疫底账、"出口许可证"（加工贸易）、"出口许可证"（边境小额贸易）。客户拟以一般贸易方式出口该批货物（非加工贸易和边境小额贸易），因此需提交"出口许可证"。

---

① 1升 =1 立方分米。

第二篇 报关基础技能

知识目标：

（1）了解关检融合背景下报关单填报基本规范与要求；

（2）理解商品归类应用与归类总规则；

（3）了解进出口商品的完税价格构成、主要税费及具体计算方法。

技能目标：

（1）会正确填报和复核报关单；

（2）能运用归类总规则对常见商品进行归类；

（3）能核算进出口商品的完税价格，能计算进出口税费。

素质目标：

（1）培养学生具备报关单证岗位基本素养，树立爱岗敬业的职业态度；

（2）培养学生具备商品归类岗位基本素养，树立严谨细致的工作态度；

（3）培养学生具备成本核算基本素养，树立成本意识。

商品归类

知识目标

（1）掌握和理解商品归类总规则的内容；

（2）正确把握商品归类总规则的应用；

（3）熟悉我国进出口商品分类目录二十一类 97 章的商品排列及注释。

技能目标

（1）具备对归类总规则各条规则的全面分析把握能力；

（2）具备对归类总规则举一反三的诠释能力；

（3）能运用归类总规则对进出口商品进行正确归类。

素质目标

培养学生具备商品归类岗位基本素养，树立严谨的工作态度和遵纪守法的法纪意识。

项目导读

海王波塞冬跨境电子商务有限公司于 2018 年 8 月 30 日至 2020 年 6 月 28 日，以"保税电商"（1210）贸易方式向平潭海关申报进口的报关单号为 3516201977777777 等 25 票 77 项货物税则号列申报不实。经平潭海关归类，爱顿博格干邑酒心巧克力税则号列为 1806900000（原申报的税则号列为 1806100000）；经平潭海关计核，核定漏缴税款人民币 54 514.31 元，滞纳金人民币 4 350.46 元。

当事人申报进口腰果、开心果等货物税则号列申报不实，违反了《中华人民共和国海关法》第二十四条第一款之规定，影响了海关统计准确性及国家税款征收。根据《中华人民共和国海关行政处罚实施条例》第十五条第（一）项、第（四）项之规定，决定对当事人科处罚款人民币 18 500 元。

为什么出口报错商品编码，海关就说影响海关统计准确性及出口退税管理，而且处一定比例的罚款？

在进出口通关过程中，进出口商品按照其所属类别分别适用不同的监管条件，并按照不同税率征收关税，同时在海关统计中也将不同商品的类别作为一项重要的统计指标。因此，需要按照商品的性质、用途、功能或加工程度等将其归入某一类别，即进出口商品归类。商品归类是海关监管、海关征税及海关统计的基础，归类的正确与否直接影响到进出口货物能否顺利通关，与进出口货物的收发货人或其代理人的切身利益也密切相关，因此，商品归类知识是报关员必须掌握的基本技能之一。

任务 1　认识《商品名称及编码协调制度》与中国海关归类管理

一、《商品名称及编码协调制度》的产生背景

进出口商品归类是建立在进出口商品分类目录基础上的。早期的国际贸易商品分类目录只是因为对进出本国的商品征收关税而产生的，其结构较为简单。后来随着社会化大生产的发展，进出口商品品种与数量增加，除了税收的需要，人们还要了解进出口贸易情况，即还要进行贸易统计，因此，海关合作理事会（1994 年更名为世界海关组织）与联合国统计委员会分别编制了两个独立的商品分类目录，即《海关合作理事会商品分类目录》和《国际贸易标准分类目录》。

由于商品分类目录的不同，同一种商品在一次国际贸易过程中可能会有不同的编码，这就给国际贸易带来极大的不便。为此，海关合作理事会于 1983 年 6 月通过了《商品名称及编码协调制度的国际公约》（以下简称《协调制度公约》）及其附件《商品名称及编码协调制度》（Harmonized Commodity Description and Coding System，HS，以下简称《协调制度》）。《协调制度》既满足了海关税则和贸易统计需要，又包容了运输及制造业等要求，因此，该目录自 1988 年 1 月 1 日起正式生效后，即被广泛应用于海关税则、国际贸易统计、原产地规则、国际贸易谈判、贸易管制等多个领域。目前，已有 200 多个国家、地区、经济体和国际组织采用《协调制度》分类目录，国际贸易中超过 98% 的商品按 HS 分类。

随着新产品的不断出现和国际贸易结构的变化，《协调制度》一般每隔若干年就要修订一次。自 1988 年生效以来，《协调制度》共进行了 6 次修订，形成了 1988 年、1992 年、1996 年、2002 年、2007 年、2012 年和 2017 年 7 个版本。

为了帮助人们正确理解和运用《协调制度》，世界海关组织还制定了《商品名称及编码协调制度注释》（Explanatory Notes to the Harmonized Commodity Description and Coding System，以下简称《协调制度注释》）。《协调制度注释》不是《协调制度公约》的组成部分，但经世界海关组织理事会批准，成为国际上对《协调制度》的官方解释，是对《协调制度》不可或缺的补充。我国海关将《协调制度注释》翻译成中文后取名为《进出口税则商品及品目注释》，并且在《中华人民共和国海关进出口货物商品归类管理规定》（海关总署令第 158 号）中将《进出口税则商品及品目注释》作为商品归类的依据。

二、《协调制度》的基本结构

《协调制度》将国际贸易涉及的各种商品按照生产类别、自然属性和不同功能用途等分为 21 类 97 章。每一章由若干品目构成，2017 版《协调制度》共有 1 222 个 4 位数品目；品目项下又细分出若干一级子目和二级子目，2017 版《协调制度》共有 5 387 个 6 位数子目。

为了避免各品目和子目所列商品发生交叉归类，在类、章下加有类注、章注和子目注释。为了保证《协调制度》解释的统一性，设立了归类总规则，作为整个《协调制度》商品归类的总原则。

《协调制度》是一部系统的国际贸易商品分类目录，所列商品名称的分类和编排是有一定规律的，如表2-1所示。

表2-1　《协调制度》分类及其例证

分类原则及方法	例证
类：基本上是按社会生产的分工（或称生产部类）来划分，它将属于同一生产部类的产品归在同一类里	例如，农业在第一类和第二类；化学工业在第六类；纺织工业在第十一类；冶金工业在第十五类；机电制造业在第十六类等
章：基本上是按商品的属性或用途来划分，每章的前后顺序则是按照动、植、矿物质来先后排列的	第1章到第83章（第64章到第66章除外）基本上是按商品的自然属性来分章，如第1章到第5章是活动物和动物产品；第6章到第14章是活植物和植物产品；第50章和第51章是蚕丝、羊毛及其他动物毛；第52章和第53章是棉花、其他植物纺织纤维和纸纱线；第54章和第55章为化学纤维
	第64章到第66章和第84章到第97章是按货物的用途或功能来分章的，如第64章是鞋、第65章是帽、第84章是机械设备、第85章是电气设备、第87章是汽车、第89章是船舶等
品目：从品目的排列看，一般也是按动、植、矿物质顺序排列，而且更为明显的是原材料先于产品，加工程度低的产品先于加工程度高的产品，列名具体的品目先于列名一般的品目	例如，在第44章，品目4403是原木；4404~4408是经简单加工的木材；4409~4413是木的半成品；4414~4421是木的制成品

三、我国海关进出口商品分类目录的基本结构

（一）我国海关进出口商品分类目录的产生

我国海关自1992年1月1日起开始采用《协调制度》，进出口商品归类工作成为我国海关最早实现与国际接轨的执法项目之一。根据海关征税和海关统计工作的需要，我国在《协调制度》的基础上增设本国子目（三级子目和四级子目），形成了我国海关进出口商品分类目录，然后分别编制出《中华人民共和国海关税则》（以下简称《税则》）和《中华人民共和国统计商品目录》（以下简称《统计商品目录》）。

为了明确增设的本国子目的商品含义和范围，我国又制定了《本国子目注释》，作为归类时确定三级子目和四级子目的依据。

根据《协调制度公约》对缔约国权利义务的规定，我国《税则》和《统计商品目录》与《协调制度》的各个版本同步修订。自2017年1月1日起，我国采用2017年版《协调制度》。

（二）我国海关进出口商品分类目录的基本结构

《税则》中的商品号列称为税则号列（以下简称税号），为征税需要，每项税号后列出

了该商品的税率；《统计商品目录》中的商品号列称为商品编号，为统计需要，每项商品编号后列出了该商品的计量单位，并增加了第二十二类和第98章"特殊交易品及未分类商品"。

《协调制度》中的编码只有6位数，而我国《税则》中的编码为8位数，其中第7位、第8位是我国根据实际情况加入的"本国子目"。2020版《税则》共有8 549个8位数子目。

进出口商品编码具体表示方法及含义如下例所示（以活的供观赏的淡水鱼为例）：

对应的商品编码：	0	3	0	1	1	1	0	0	**03.01**	活鱼：
										–观赏鱼：
位数：	1	2	3	4	5	6	7	8	0301.1100	–淡水鱼：
									0301.1900	–其他
含义：	章号	顺序号	一级子目		二级子目		三级子目	四级		–其他活鱼：

编码含义：

（1）前四位数"0301"是"品目（税目）条文"，"01"表示该商品在本章的顺序号。

（2）后四位数"1100"是"子目条文"：

①第5位编码"1"代表一级子目，表示在0301品目（税目）条文下所含商品一级子目的顺序号，在商品编码表中的商品名称前用"—"表示。

②第6位编码"1"代表二级子目，表示在一级子目下所含商品二级子目的顺序号，在商品编码表中的商品名称前用"— —"表示，"0"表示在一级子目下未设二级子目。

③第7、8位含义依次类推，在商品编码表中分别用"— — —"和"— — — —"表示，"0"表示未设三、四级子目。

如果第5位至第8位上出现数字"9"，则通常代表未具体列名的商品，即在"9"的前面一般留有空序号，以便用于修订时增添新商品。

四、进出口货物商品归类的海关管理

为了规范进出口货物的商品归类，保证商品归类结果的准确性和统一性，根据《中华人民共和国海关法》《中华人民共和国进出口关税条例》，海关制定了《中华人民共和国海关进出口货物商品归类管理规定》《海关商品归类工作制度》，以及有关归类的其他规定。

（一）归类的依据

进出口货物的商品归类应当遵循客观、准确、统一的原则。具体来说，对进出口货物进行商品归类的依据是：《税则》、《进出口税则商品及品目注释》、《本国子目注释》、海关总署发布的商品归类决定以及海关总署发布的关于商品归类的行政裁定。

（二）归类决定

海关总署可以根据有关法律、行政法规规定，对进出口货物做出具有普遍约束力的商品归类决定。进出口相同货物，应该适用相同的商品归类决定。

商品归类决定由海关总署对外公布。

做出商品归类决定所依据的法律、行政法规及其他相关规定发生变化的，商品归类决定同时失效。商品归类决定失效的，应当由海关总署对外公布。

海关总署发现商品归类决定存在错误的，应当及时予以撤销。撤销商品归类决定的，应当由海关总署对外公布。被撤销的商品归类决定自撤销之日起失效。

（三）归类裁定

在海关注册登记的进出口货物经营单位，可以在货物实际进出口的 3 个月前，向海关总署或者直属海关书面申请就其拟进出口的货物预先进行商品归类裁定。

海关总署自受理申请之日起 60 日内做出裁定并对外公布。

归类裁定具有普遍约束力。但对于裁定生效前已经办理完毕裁定事项的进出口货物，不适用该裁定。

（四）归类预裁定

根据《中华人民共和国海关预裁定管理暂行办法》，在货物实际进出口前，申请人可以向海关申请归类预裁定。

任务 2　《协调制度》归类总规则应用

《协调制度》归类总规则，位于协调制度文本的卷首，是指导整个协调制度商品归类的总原则。归类总规则共有六条，是商品具有法律效力的归类依据，适用于品目条文、子目条文以及注释无法解决商品归类的场合。现逐条介绍如下：

一、规则一

（一）条文内容

类、章及分章的标题，仅为查找方便而设；具有法律效力的归类，应按品目条文和有关类注或章注确定，如品目、类注或章注无其他规定，按以下规则确定。

（二）条文解释

（1）"类、章及分章的标题，仅为查找方便而设"。

为便于查找编码，《协调制度》将一类或一章商品加以概括并冠以标题。由于现实中的商品种类繁多，通常情况下一类或一章标题很难准确地对本类、章商品加以概括，所以类、章及分章的标题仅为查找方便而设，不具有法律效力，这也就意味着类、章中的商品并不是全部都符合标题中的描述。例如：第 1 章的标题为"活动物"，应该所有活动物归入该章，但是"流动马戏团里的动物"却不归入该章，而归入第 95 章"9508"。

（2）"具有法律效力的归类，应按品目条文和有关类注或章注确定"。

这里有两层含义。第一，具有法律效力的商品归类，是按品目名称和有关类注或章注确定商品编码；第二，许多商品可直接按目录规定进行归类。例如："流动动物园巡回展出用的猪（重量为 60 千克每只）"，参照章注的例外条例，因此归入 9508。

（3）如品目、类注或章注无其他规定，意味着明确品目条文及与其相关的类、章注释是最重要的。因此，类、章注释与子目注释的应用次序为：子目注释、章注释、类注释，即子目注释优先于章注释，章注释优先于类注释。

（三）应用及解析

例：塑料花。

归类思路：

（1）查阅类、章标题，塑料花作为塑料及其制品，似乎应归入第 39 章。

（2）查阅本章注释一（十六）可知：本章不包括第十二类的物品。

（3）查阅品目 6702 并按材质归入 6702.1000。

二、规则二

（一）条文内容

（1）品目所列货品，应视为包括该项货品的不完整品或未制成品，只要在进口或出口时该项不完整品或未制成品具有完整品或制成品的基本特征；还应视为包括该货品的完整品或制成品（或按本款可作为完整品或制成品归类的货品）在进口或出口时的未组装件或拆散件。

（2）品目中所列材料或物质，应视为包括该种材料或物质与其他材料或物质混合或组合的物品。品目所列某种材料或物质构成的货品，应视为包括全部或部分由该种材料或物质构成的货品。由一种以上材料或物质构成的货品，应按规则三归类。

（二）条文解释

（1）规则二旨在扩大货品税（品）目条文适用的范围，适用于品目条文、章注、类注无其他规定的情况。

（2）规则二（一）的第一部分将制成的某一些物品的税（品）目适用范围扩大为不仅包括完整的物品，而且包括该物品的不完整品或未制成品，只要报验时它们具有完整品或制成品的基本特征即可。

"不完整品"：是指一个物品主要的部分都有了，但缺少一些非关键部分，如山地自行车未安装车座等。

"未制成品"：是指一个物品已具有制成品的形状、特征，但还不能直接使用，还需经加工才能使用，如连衣裙裁剪片应按制成的连衣裙归类。但该"未制成品"不包括尚未具有制成品基本形状的半制成品，如常见的杆、板、管材等。

（3）规则二（一）的第二部分规定，完整品或制成品的未组装件或拆散件应归入已组装物品的同一税（品）目号。

"未组装件或拆散件"：必须是因运输、包装等原因而被拆散或未组装，仅经铆接、焊等简单组装方法便可装配起来的物品。以未组装或拆散形式报验的不完整品或未制成品，只要按照本规则第一部分的规定，可将它们作为完整品或制成品看待。例如税（品）目号 8470 所列的电子计算器，不仅包括不缺任何零件的未装配的电子计算器成套散件，还应包括仅缺少一些非关键零件（如垫圈、导线、螺丝等）的已装配好的电子计算器或未装配的电子计算器套装散件。

鉴于第一类至第六类的商品范围所限，规则二（一）一般不适用于这六类（即第 38 章及以前各章所包括的货品）。

（4）规则二（二）是关于混合及组合的材料或物质，以及由两种或多种材料或物质构成的货品的归类。

这部分内容有两方面的含义，一是指税（品）目号中所列某种材料或物质，既包括单纯的该种材料或物质，也包括以该种材料或物质为主，与其他材料或物质混合或组合而成的货品；二是指税（品）目中所列某种材料或物质构成的货品，既包括单纯由该种材料或物质构成的货品，还包括以这种材料或物质为主，兼有或混有其他材料或物质的货品。这样，就将税（品）目所列的适用范围扩大了，但其适用条件是加进去的东西或组合起来的东西不能使原来商品的特征或性质发生改变。例如，加维生素的牛奶仍具有牛奶的特征，仍按鲜牛奶归类。

同时，还应注意到，仅在税（品）目条文和类、章注释无其他规定的条件下（即必须在遵守总规则一的前提下）才能运用本款规则。例如，税（品）目号 1503 列出"液体猪油、未经混合"，这就不能运用上述规则。

运用规则二（二）应注意，混合及组合的材料或物质，以及由一种以上材料或物质构成的货品，如果看起来可归入两个或两个以上税（品）目号，应按规则三的原则进行归类。

三、规则三

（一）条文内容

当货品按规则二（二）或由于其他原因看起来可归入两个或两个以上品目时，应按以下规则归类：

（1）列名比较具体的品目，优先于列名一般的品目。但是如果两个或两个以上品目都仅述及混合或组合货品所含的某部分材料或物质，或零售的成套货品中的某些货品，即使其中某个品目对该货品描述得更为全面、详细，这些货品在有关品目的列名应视为同样具体。

（2）混合物，不同材料构成或不同部件组成的组合物以及零售的成套货品，当不能按照规则三（一）归类时，在本款可适用的条件下，应按构成货品基本特征的材料或部件归类。

（3）货品不能按照规则三（一）或（二）归类时，应按号列顺序归入其可归入的最末一个品目。

（二）条文解释

（1）对于根据规则二（二）或其他原因看起来可归入两个或两个以上品目的货品，本规则规定了三条归类办法。这三条办法应按照其在本规则的先后次序加以运用。对于根据规则二（二）或由于其他原因看起来可归入两个或两个以上品目的货品，规则三规定了三条归类办法，即：规则三（一）：具体列名；规则三（二）：基本特征；规则三（三）：从后归类。

这三条规定应按照其在本规则的先后次序加以运用。据此，只有在不能按照规则三（一）归类时，才能运用规则三（二）；不能按照规则三（一）和三（二）归类时，才能运用规则三（三）。

（2）只有在品目条文和类注、章注无其他规定的条件下，才能运用本规则。例如，第 97 章章注四（二）规定，根据品目条文既可归入品目 9701 至 9705 中的一个品目，又可归入品目 9706 的货品，应归入品目 9706 以前的有关品目，即货品应按第 97 章章注四（二）的规定而不能根据本规则进行归类。

（3）规则三（一）是本规则的第一条归类办法。它规定列名比较具体的品目应优先于列名比较一般的品目。一般来说：

①列出品名比列出类名更为具体。例如，电动剃须刀应归入品目 8510 "电动剃须刀、电动毛发推剪及电动脱毛器"，而不应归入品目 8509 "家用电动器具"。

②如果某一品目所列名称更为明确地述及某一货品，则该品目要比所列名称不那么明确述及该货品的其他品目更为具体。例如，确定为用于小汽车的簇绒地毯，不应作为小汽车附件归入品目 8708 "机动车辆的零件、附件"，而应归入品目 5703 "簇绒地毯及纺织材料的其他簇绒铺地制品，不论是否制成的"，因为品目 5703 所列地毯更为具体。

（4）如果两个或两个以上品目都仅述及混合或组合货品所含的某部分材料或物质，或零售成套货品中的某些货品，即使其中某个品目比其他品目对该货品描述得更为全面、详细，这些货品在有关品目的列名应视为同样具体。在这种情况下，货品应按规则三（二）或（三）的规定进行归类。

（5）规则三（二）是指不能按规则三（一）归类的混合物、组合物以及零售的成套货品的归类。它们应按构成货品基本特征的材料或部件归类。

但是，不同的货品，确定其基本特征的因素会有所不同。例如，可根据其所含材料或部件的性质、体积、数量、重量或价值来确定货品的基本特征，也可根据所含材料对货品用途的作用来确定货品的基本特征。

（6）货品如果不能按照规则三（一）或（二）归类时，应按号列顺序归入其可归入的最后一个品目。

（三）条文应用

例：由快熟面条、调味包、塑料小叉构成的碗面。由于其中的快熟面条构成了这个零售成套货品的基本特征，所以应按面食归入品目 1902。

本款规则所称"零售的成套货品"，是指同时符合以下三个条件的货品：

（1）由至少两种看起来可归入不同品目的不同物品构成的，例如，六把乳酪叉不能作为本款规则所称的成套货品：

（2）为了迎合某项需求或开展某项专门活动而将几件产品或物品包装在一起的；

（3）其包装形式适于直接销售给用户而货物无须重新包装的，例如，装于盒、箱内或固定于板上。

例：成套理发用具，由一个电动理发推子、一把梳子、一把剪子、一把刷子及一条毛巾，装于一个皮匣子内组成，符合上述的三个条件，所以属于"零售的成套货品"。

不符合以上三个条件时，不能看成是规则三（二）中的零售成套货品。例如"包装在一起的手表与打火机"，由于不符合以上第二个条件，所以只能分开归类。

例如，苎麻（50%）与亚麻（50%）混纺染色纱线，由于其中苎麻与亚麻含量相等，"基本特征"无法确定，所以应"从后归类"，即按品目 5305 与品目 5306 中的后一个品目 1004 归类。

四、规则四

（一）条文内容

根据上述规则无法归类的货品，应归入与其最相类似的税（品）目。

（二）条文解释

随着科学技术的发展，新产品层出不穷，任何商品分类目录都会因形势的发展出现不尽适应的情况，因此，当一个新产品出现时，《协调制度》所列的商品不一定已经将其明确地包括进去，为了增强《协调制度》的适应能力，解决这类归类问题，本规则规定了产品按最相类似的货品归入有关税（品）目。货品在不能按规则一至规则三归类的情况下，应归入最相类似的货品的税（品）目中。但是，货品的"最相类似"要看诸多因素，如货物的名称、特征、用途、功能、结构等，因此，这条规则实际应用起来有一定的困难。如不得不使用这条规则时，其归类方法是先列出最相类似的税（品）目号，然后从中选择一个最为合适的税（品）目号。

五、规则五

（一）条文内容

除上述规则外，本规则适用于下列货品的归类：

（1）制成特殊形状仅适用于盛装某个或某套物品并适合长期使用的照相机套、乐器盒、枪套、绘图仪器盒、项链盒及类似容器，如果与所装物品同时进口或出口，并通常与所装物品一同出售的，应与所装物品一并归类。但本款不适用于本身构成整个货品基本特征的容器。

（2）除规则五（一）规定的以外，与所装货品同时进口或出口的包装材料或包装容器，如果通常是用来包装这类货品的，应与所装货品一并归类。但明显可重复使用的包装材料和包装容器可不受本款限制。

（二）条文解释

（1）规则五（一）仅适用于同时符合以下各条规定的容器：

①制成特定形状或形式，专门盛装某一物品或某套物品的，即专门按所要盛装的物品进行设计的，有些容器还制成所装物品的特殊形状；

②适合长期使用的，即容器的使用期限与所盛装的物品相比是相称的，在物品不使用期间（例如，运输或储藏期间），这些容器还起保护物品的作用；

③与所装物品一同报验的（单独报验的容器应归入其所应归入的品目）；

④通常与所装物品一同出售的；

⑤本身并不构成整个货品基本特征的。

例如，与所装电动剃须刀一同报验的电动剃须刀的皮套，由于符合以上条件，因此应与电动剃须刀一并归入品目8510。

但是，本款规则不适用于本身构成整个货品基本特征的容器，例如，装有茶叶的银质茶叶罐。

（2）规则五（二）仅适用于同时符合以下各条规定的包装材料及包装容器：

①规则五（一）以外的；

②通常用于包装有关货品的；

③与所装物品一同报验的（单独报验的包装材料及包装容器应归入其所应归入的品目）；

④不属于明显可重复使用的。

例如，装有电视机的瓦楞纸箱，由于符合以上条件，因此应与电视机一并归入品目8528。

但是，如果是明显可重复使用的包装材料和包装容器，则本款规定不适用。例如，"煤气罐装有液化煤气",由于具有明显可重复使用的特性,所以不能与液化煤气一并归类,而应与液化煤气分开归类。

(三)应用及解析

例:煤气罐装有液化煤气

归类思路:由于具有明显可重复使用的特性,是可重复使用的包装材料和包装容器,所以不能与液化煤气一并归类,而应与液化煤气分开归类。

六、规则六

(一)条文内容

货品在某一品目项下各子目的法定归类,应按子目条文或有关的子目注释以及以上各条规则来确定,但子目的比较只能在同一数级上进行。除条文另有规定的以外,有关的类注、章注也适用于本规则。

(二)条文解释

本规则是关于子目应当如何确定的一条原则,子目归类首先按子目条文和子目注释确定;如果按子目条文和子目注释还无法确定归类,则上述各规则的原则同样适用于子目的确定:除条文另有规定的以外,有关的类注、章注也适用于子目的确定。

在具体确定子目时,还应当注意以下两点:

(1)确定子目时,一定要按先确定一级子目,再是二级子目,然后是三级子目,最后是四级子目的顺序进行。

(2)确定子目时,应遵循"同级比较"的原则,即一级子目与一级子目比较,二级子目与二级子目比较,依此类推。

(三)条文应用

例:"供食用的活珍珠鸡(重量大于2千克)"在归入品目0105项下子目时,应按以下步骤进行:

(1)先确定一级子目,即将两个一级子目"重量不超过185克"与"其他"进行比较后归入"其他"(重量超过185克);

(2)再确定二级子目,即将二级子目"鸡""其他"进行比较后归入"其他":

(3)然后确定三级子目,即将两个三级子目"改良种用"与"其他"进行比较后归入"其他"。

所以,"供食用的活珍珠鸡(重量大于2千克)"应归入四级子目0105.9993。

🏠 任务3　商品归类的一般方法应用 🌿

进出口商品归类尽管复杂,但任何事情总是有一定的方法可循。一般情况下,归类应该按照以下步骤:

一、确定品目(四位数)

商品特性分析—初判大概位置—查品目条文—查类注、章注—运用归类总规则—确定品目。具体如下：

第一步：根据有关资料分析商品特性（如组成、结构、加工、用途等）；

第二步：根据 HS 的分类规律初步分析该商品可能涉及的类、章和品目（可能有几个）；

第三步：查找涉及的几个有关品目的条文；

第四步：查看所涉及的品目所在章和类的注释，检查一下相关章注和类注是否有特别的规定；

第五步：仍然有几个品目可归入而不能确定时，运用规则二、三（主要是规则三）。

通过以上几个步骤，一般即可确定该商品的品目归类。

例：由河鳗鱼肉 45%、猪肉 30%、牛肉 25% 组成的婴儿食用的食品，制成细腻糊状，零售包装，净重为 200 克。

运用以上方法，按照以下步骤进行：

（1）该商品为密封塑料袋装婴儿均化食品，由几种材料加工组成，属于复杂加工食品；

（2）该商品可以考虑第 16 章肉、鱼、甲壳动物、软体动物及其他水生无脊椎动物的制品；

（3）在第 16 章查找子目注释，该商品符合品目 1602.10 的"均化食品"的定义，故确定该商品应归入品目 1602。

二、确定子目（八位数）

品目确定之后就是子目的确定。由于品目需要在很大的范围之内确定，并且要仔细查找和对比很多有关的章注、类注，而相比较而言，子目只需要在品目项下确定，其范围要小得多，所以很多情况下子目的确定是很容易的。

例如，前面例中的"均化食品"在品目 1517 项下确定子目时，由于只有一个一级子目 1602.1000，故该商品应该归入 1602.1000。

但是有时子目的确定也是有一定难度的，尤其是子目比较多的时候，所以掌握正确的方法仍然是关键。具体方法是：

查一级子目条文—查子目注释—查二级子目条文……确定子目。

在进行商品归类的时候，很多人往往会犯盲目"跳级"的错误：

实例：门垫，由海绵橡胶制成。

40.16	硫化橡胶（硬质橡胶除外）的其他制品	4016.1090	---其他
			-其他
	-海绵橡胶制	4016.9100	--铺地制品及门垫
4016.1010	---机器及仪器用零件	4016.9200	--橡皮擦
			--垫片、垫圈及其他密封件

很多人在确定 4016 后，容易直接按"门垫"的列名归入子目 4016.9100，其错误的根源在于看到"门垫"的列名就迫不及待地"跳级"归类，而没有按照"子目的比较只能在同一数级上进行"这一规则，先确定一级子目，再二级子目，然后三级子目，最后四级子目的步骤进行。如果按照正确的步骤，先确定一级子目，由于该门垫是由海绵橡胶制成的，所以应归入品目 4016 项下的第一个一级子目"海绵橡胶制"，然后再确定三级子目（这里

没有二级子目），由于不是"机器及仪器用零件"，所以应归入三级子目4016.1010。

任务4 各类、章商品归类要点详解

对进出口商品进行正确归类，除了要真正理解商品归类总规则的条文含义以及相互关系外，更需要科学认知归类商品，对二十一类97章进出口商品有一个全面的认识和把握。以下对二十一类做简单介绍。

一、食品类商品（一至四类，1～24章）

（一）第一类：活动物、动物产品

本类共5章，除极少数特例外，包括了所有种类的活动物以及经过有限度的简单加工的动物产品。

1. 本类内容和结构

本类商品包括活动物和动物产品。

HS将活动物基本分成两部分：

①马、驴、骡、牛、猪、羊、家禽及第3章以外的其他活动物（第1章）。

②鱼、甲壳动物、软体动物及其他水生无脊椎动物（第3章）。

HS将动物产品分成简单加工和复杂加工两类，其中简单加工的动物产品归在第一类，它们分别是：

①由第1章的活动物加工得到的肉及食用杂碎（第2章）。

②由第3章的活动物加工得到的食用产品（第3章）。

③一般作为食用的其他动物产品，如乳、蛋、蜂蜜、燕窝等（第4章）。

④一般不作为食用的动物产品，如骨头、羽毛等（第5章）。

2. 本类与其他类的关系

本类动物产品一般只能进行简单加工，对于复杂加工的产品，如果是加工成动物油脂则归入第三类；如果是加工成动物油脂之外的其他产品则归入第四类。例如生的冻牛肉归入本类的第2章，而牛油则归入第三类的第15章，炸牛排则归入第四类的第16章。

3. 本类归类原则和方法

活动物的归类一般并不困难，难的是动物产品的归类。其关键是根据动物的加工程度判断是一种可以归入本类的简单加工，还是应归入后面其他类（如第四类）的进一步深加工。由于第2章到第5章的动物产品种类比较多，各有关章的产品加工程度规定的标准也各不相同，所以具体到某一种动物产品，比如"鸡"，加工到什么程度属"简单加工"归入第2章；加工到什么程度属超出"简单加工"的范围应归入第16章。一般情况下是首先查第2章的品目条文与相应的章注、类注，如果相符则归入第2章，否则归入第16章等。例如，"用盐腌制的咸鸡"应归入品目0210，对于"油炸鸡腿"，其加工程度已超出第2章的范围，因此归入品目1602。

（二）第二类：植物产品

1. 本类内容和结构

本类共9章，本类商品包括活植物和植物产品。主要按照植物的用途分类，其结构规律

如下：

（1）种植或装饰用植物（第6章）。

（2）蔬菜（第7章）。

（3）水果（第8章）。

（4）咖啡、茶（第9章）。

（5）调味香料（第9章）。

（6）谷物（第10章）。

（7）谷物粉（第11章）。

（8）其他食用植物（第12章）。

（9）工业用的植物（第12章）。

（10）植物液汁（第13章）。

（11）其他植物（第14章）。

2. 本类与其他类的关系

与第一类的动物产品类似，本类的植物产品一般只能进行简单加工。对于复杂加工的产品：如果是加工成植物油脂则归入第三类；如果是加工成植物油脂之外的其他产品则归入第四类。例如生花生归入本类的第12章，而花生油则归入第三类的第15章，炒熟的花生则归入第四类的第20章。

3. 本类归类原则和方法

植物产品的归类与动物产品的归类基本思路一致，即对本类的植物产品，也需特别注意其加工程度。

（三）第三类：动、植物油脂及其分解产品；精制的食用油脂；动、植物蜡

1. 本类内容和结构

本类仅包括第15章。

2. 本类归类原则和方法

注意化学改性的定义。化学改性是指动、植物油脂及其分离品，经化学加工后改变了化学结构以改善其某些方面的性能（如熔点、黏性），但这些产品必须仍然保持其原有的基本结构，不能进行改变其原有的组织和晶体结构的进一步加工。

（四）第四类：食品；饮料、酒及醋；烟草、烟草及烟草代用品的制品

1. 本类内容和结构

本类共9章。主要包括以动物、植物为原料加工得到的食品、饮料、酒、醋、动物饲料、烟草等。按所加工的产品的不同分类，其结构规律如下：

（1）动物产品（第16章）。

（2）糖（第17章）。

（3）可可（第18章）。

（4）粮食产品（第19章）。

（5）其他植物产品（第20章）。

（6）杂项产品（第21章）。

（7）饮料、酒、醋（第22章）。

（8）饲料（第23章）。

（9）烟（第24章）。

2. 本类与其他类的关系

本类商品主要由第一类的动物产品与第二类的植物产品经过超出了第一类、第二类的加工程度或加工范围所得到。

3. 本类归类原则和方法

本类商品与第一类的动物产品、第二类的植物产品的区别见第一类、第二类有关部分的内容。本类各章商品是用不同的原料加工制成的，商品特点不同，详见各章内容。

二、化工类商品、皮革木材纸商品（六至十类，25～49章）

（一）第五类：矿产品

本类共3章。归入本类的矿产品只能经过有限的简单加工（例如洗涤、磨碎、研粉、淘洗、筛选和其他机械物理方法精选过的货品），如果超出这个限度而进行了进一步的深加工，则应该归入后面的章节。

1. 本类内容和结构

本类包括无机矿产品（第25章、第26章）和有机矿产品（第27章）。其中无机矿产品一般为天然状态，或只允许有限的加工方法；有机矿产品不仅包括天然状态的煤、矿物油，还包括它们的蒸馏产品及用任何其他方法获得的类似产品。其结构规律如下：

（1）盐、硫黄、泥土及石料、石膏、石灰及水泥等（第25章）。

（2）各种金属矿砂、矿渣等（第26章）。

（3）矿物燃料、矿物油及其蒸馏产品（第27章）。

2. 本类与其他类的关系

第五类的第25章非金属矿产品经过深加工，就是第十三类矿物、陶瓷、玻璃及其制品。而第五类的第25章非金属矿产品与第26章金属矿产品经过提纯合成，形成第六类的第28章无机化工品。第五类的第27章矿物燃料、油等经提炼形成第六类第29章的有机化工品。

（二）第六类：化学工业及其相关工业的产品

1. 本类内容和结构

本类共11章，主要包括化学工业及其相关工业的产品。HS将化工产品及其相关工业的产品分成以下两部分：

（1）第28章、第29章，主要为单独的已有化学定义的化学品，其结构规律如下：

①化学元素及无机化合物（第28章）。

②有机化合物（第29章）。

（2）第30章至第38章，主要为按用途分类的化工品及相关工业的产品，其结构规律如下：

①药品（第30章）。

②肥料（第31章）。

③香料、化妆品（第33章）。

④洗涤用品（第34章）。

⑤蛋白类物质（第35章）。

⑥易燃材料制品（第36章）。

⑦摄影用品（第 37 章）。

⑧其他（第 38 章）。

2. 本类归类原则和方法

如果一种化工品是单独的化学元素及单独的已有化学定义的化合物（包括无机化合物和有机化合物），则应归入第 28 章、第 29 章（纯净物）；如果不符合这一点，而是由几种不同化学成分混合配制而成，则应按其主要用途归类而归入第 30 ~ 38 章（混合物）。品目条文、章注、类注另有规定的除外。

（三）第七类：塑料及其制品；橡胶及其制品

1. 本类内容和结构

本类共两章。主要包括用于鞣制及软化皮革的鞣料，也包括植物、动物或矿物着色料及有机合成着色料，以及用这些着色料制成的大部分制剂（油漆、陶瓷着色颜料、墨水等），还包括清漆、干燥剂及油灰等各种其他制品。

2. 本类归类原则和方法

本类两章所包括的原料都属于高聚物，是由高分子聚合物组成的塑料与橡胶以及它们的制品。除天然的以外，合成的高分子聚合物大多是由第 29 章的有机化合物聚合得到的。

（四）第八类：生皮、皮革、毛皮及其制品；鞍具及挽具；旅行用品、手提包及类似品；动物肠线（蚕胶丝除外）制品

1. 本类内容和结构

本类共 3 章。包括生皮、皮革、毛皮及其制品等商品。其结构规律如下：

①生皮、皮革（第 41 章）。

②皮革制品（第 42 章）。

③适合加工毛皮的带毛生皮、毛皮、毛皮制品（第 43 章）。

2. 本类与其他类的关系

本类商品的原料是第一类活动物被宰杀后剥下的生皮，对生皮进行保藏的加工、鞣制的加工及制造的加工后的产品都属于本类包括的商品，所以第八类商品是在第一类商品的基础上进一步加工的产品。有些用皮革和毛皮加工的产品不归入本类。

3. 本类归类原则和方法

（1）本类中包括皮革及毛皮加工成的制品，但当制品的基本特征属于其他类所包括的范围时，该制品应归入其他类。如按第 42 章章注一和第 42 章章注二的规定，皮鞋归入第 64 章，皮帽子归入第 65 章。

（2）本类是用第一类活动物被宰杀后剥下的生皮做原料，按第 41 章章注一（三）的规定，分别归入第 41 章与第 43 章的动物生皮。

（3）第 41 章与第 42 章是加工顺序关系。

（4）第 43 章内品目按加工顺序编排。

（五）第九类：木及木制品；木炭；软木；软木及软木制品；稻草、秸秆、针茅或其他编结材料制品；篮筐及柳条编结品

1. 本类内容和结构

本类共 3 章。本类商品包括木材、软木及其制品；编结材料的制品。其结构规律如下：

（1）木材、经加工的板材及其制品（第44章）。

（2）软木及软木制品（第45章）。

（3）编结产品（第46章）。

2．本类与其他类的关系

本类商品的原材料主要来自植物（属第二类的商品），本类商品是对植物材料（尤其是木材）加工后的产品及制品，其加工程度已超过了第二类商品的加工程度，所以本类商品是对第二类的植物材料经加工后的产品，这两类商品之间有加工顺序的关系。但有些产品因已经具有其他章的基本特征，应归入其他章。

3．本类归类原则和方法

本类商品的加工程度已超出了第二类的范围，例如：一棵树归入第6章；把树干锯下后作为木材的原料归入本类第44章；作为编结用的植物材料（如藤条、柳条）归入第14章；把它们变成篮子归入本类第46章。但木质家具应归入品目9403。

（六）第十类：木浆及其他纤维状纤维素浆；回收（废碎）纸或纸板；纸、纸板及其制品

1．本类内容和结构

本类共3章。本类商品包括造纸行业、印刷行业加工生产的产品。其结构规律如下：

（1）造纸用的原料，即纸浆及回收（废碎）纸或纸板（第47章）。

（2）由纸浆制成的各种纸（板）及它们的制品（第48章）。

（3）印刷品等（第49章）。

2．本类归类原则和方法

本类商品的原料是纸浆，对纸浆进行加工制得各种纸（板），对制得的各种纸（板）进一步加工制得纸（板）的制品及印刷品等，因此，了解本类包括的3章商品是明显的按加工顺序编排，对理解本类3章的内容及掌握3章商品的归类有一定的帮助。

经加工制得的纸（板）的各种制品大部分包括在本类中，但某些经加工的纸（板）及制品的基本特征已属于其他章时，则应归入其他章。因此，并不是所有纸（板）及制品都归入本类，归类的原则是按商品的基本特征及各章所包括的加工范围和章内各商品的列名情况而决定，如感光纸归入品目3703；肥皂纸归入品目3401。

三、纺织类商品、金属材料类商品（十一至十五类，50~83章）

（一）第十一类：纺织原料及纺织制品

本类共14章，包括各种纺织原料、半制品、制成品。

1．本类内容和结构

本类由十三条类注、两条子目注释和十四章构成。除注释规定除外的商品，其余各种纺织原料及制品均归入本类。本类共14章（第50章到第63章），包括纺织原料、半成品及制成品。这14章可分成两部分：第一部分为第50章到第55章，包括普通的纺织原料、半成品，并按照纺织原料的性质分章；第二部分为第56章到第63章，包括以特殊的方式或工艺制成的或有特殊用途的半成品及制成品，并且除品目5809和5902外，品目所列产品一般不分纺织原料的性质。

2．本类归类原则和方法

（1）马毛粗松螺旋花线（品目5110）和含金属纱线（品目5605），均应被作为单一的

纺织材料对待。

（2）同一章或同一品目所列的不同的纺织材料应被作为单一的纺织材料对待。

（3）在机织物归类中，金属线应被作为一种纺织材料。

（4）当归入第54章及第55章的货品与其他章的货品进行比较时，应将这两章作为单一的章对待，按照其中重量最大的那种纺织材料归类。当所有纺织材料重量都较小时，可按可归入的有关品目中最后一个品目所列的纺织材料归类。

（二）**第十二类：鞋、帽、伞、杖、鞭及其零件；已加工的羽毛及其制品；人造花；人发制品**

1. 本类内容和结构

本类包括日常生活用品，鞋、帽、伞、杖、鞭、人造花、人发制品等。本类共4章（第64章到第67章），每章包括一类特征相同或类似的商品。

2. 本类与其他类的关系

本类商品主要用第七类的塑料、橡胶，第八类的皮革、毛皮，第九类的木材，第十类的纸（板）及第十一类的纺织品作为原料经加工后制得，是加工顺序关系。因此，本类商品应排在第十一类之后。

3. 本类归类原则和方法

本类商品按其特征归入相对应的章，它们主要是把第七类至第十一类的不同商品作为原料，加工后制得，但制得的本类商品又不能归入第七类至第十一类，因为本类商品是具体列名的。归类时须注意本类各章不包括的商品。

（三）**第十三类：石料、石膏、水泥、石棉、云母及类似材料的制品；陶瓷产品；玻璃及其制品**

1. 本类内容和结构

本类包括3章，其商品的原料是第25章的无机矿产品，其经过加工、烧结、熔融处理制成产品。

2. 本类与其他类的关系

本类商品基本都是以第25章的产品为原料加工而成的制品，包括：

（1）第68章的产品和制品是用第25章的石料、石膏、水泥、石棉、云母及类似材料制成的，大多通过成形、模制，未经烘烧，仅改变了原来的形状，但没有改变其原料性质，其加工程度超出了第25章，第25章仅限于洗涤、破碎、磨碎等机械物理方法初级加工范围。

（2）第69章的产品是用第25章的矿物黏土、高岭土、硅质化石粉等先成形，再经过烧制，烧结成陶瓷产品，品目6804的陶瓷研磨制品除外。

（3）第70章的产品是用第25章的矿物砂、石英等原料完全熔融后，制成玻璃及其制品。

3. 本类归类原则和方法

本类商品的加工程度都超出了第25章的加工程度，第25章章注一的规定可明确区分与本类商品在归类上的不同点。本类中的商品应按其特征归入相应的各章。

（四）**第十四类：天然或养殖珍珠、宝石或半宝石、贵金属、宝贵金属及其制品；仿首饰；硬币**

本类内容和结构。本类共1章，包括3个分章。

（1）未镶嵌或未成串（不论是否加工）的珍珠、宝石。

（2）未锻造、半制成（如板、片等）或粉末状的贵金属、宝贵金属。

（3）全部或部分用上述珍珠、宝石、贵金属制成的制品（如首饰、金银器等）。其中，前两类货品为未制成品或半制成品，后一类货品为制成品。

（五）第十五类：贱金属及其制品

本类内容和结构：本类共十一章，包括贱金属及这些贱金属的大部分制品，按材料成分和制品属性分类，结构规律如下：

（1）钢铁及其制品（第72章、第73章）。

（2）有色金属、金属陶瓷及其制品（第74～81章）。

（3）其他贱金属制品（第82章、第83章）。

四、机电类商品、运输工具类商品、仪器类商品、杂项类商品（十七至二十一类，第84～97章）

（一）第十六类：机器、机械器具、电气设备及其零件；录音机及放声机、电视图像、声音的录制和重放设备及其零件、附件

本类是机械电子产品，包括所有用机械及电气方式操作的机器、装置、器具、设备及其零件，同时也包括某些既不用机械方式，也不用电气方式进行操作的装置和设备。

1. 本类内容和结构

本类由两章组成，第84章主要包含非电气的机器、机械器具，第85章主要包含电气电子产品。

2. 本类归类原则和方法

（1）要在了解商品结构、性能、用途及简单工作原理的基础上注意区分相似商品的归类情况。

（2）机器零件的归类。根据第十六类类注二零件的归类原则，机器零件的归类可按以下顺序来判断：

①通用零件，按第十五类类注二进行归类。

②第84章、第85章具体列名的通用零件，按具体列名归类。

③专用零件，归入整机的零件专号。

④目录既没有列名又难以确定主要用途的机器零件，归入品目8485、8548（未列名的机电零件）。

（3）组合机器和多功能机器的归类。根据第十六类组合机器与多功能机器的归类原则，按机器的主要功能归类；当不能确定其主要功能时，按从后归类的原则归类。

（4）功能机组的归类。根据第十六类类注四功能机组的归类原则，组合后的功能明显符合第84章或第85章某个品目所列功能时，按其功能归入品目。

（二）第十七类：车辆、航空器、船舶及有关运输设备

本类内容和结构：包括陆路（分为有轨道和无轨道）、航空、水路三种类型的运输设备及与这些运输设备相关的某些具体列名的货品，如经特殊设计、装备适于一种或多种运输方式的集装箱、某些铁道或电车道轨道固定装置及附件和机械（包括电动机械）信号设备以及降落伞、航空器发射装置、甲板停机装置或类似装置和地面飞行训练器等。

本类共分为4章，并按照陆路、航空、水路的顺序排列，其结构规律如下：

（1）轨道车辆及其零件、附件（第86章）。

（2）其他车辆（无轨道）及其零件、附件（第87章）。

（3）航空器、航天器及其零件、附件（第88章）。

（4）船舶及浮动结构体（第89章）。

（三）**第十八类：光学、照相、电影、计量、检验、医疗或外科用仪器及设备、精密仪器及设备；钟表；乐器；上述物品的零件、附件**

本类内容和结构：主要包括光学元件，光学仪器，医疗器械，计量、检验等用的精密仪器和钟表，乐器三大商品以及它们的零件、附件。本类按它们的用途分成3章。

（四）**第十九类：武器、弹药及其零件、附件**

本类内容和结构：仅有一章，即第93章。主要包括供军队、警察或其他有组织的机构（海关、边防部队等）在陆、海、空战斗中使用的各种武器，个人自卫、狩猎等用的武器及导弹等。其他章已列名的武器及零件不应归入本章，如：第87章的坦克、装甲车，第90章的武器瞄准用的望远镜，品目4202的枪盒等。

（五）**第二十类：杂项制品**

本类内容和结构：本类所称杂项制品是指前述各类、章、品目未包括的商品，按商品的属性分成3章（第94~96章）。

（六）**第二十一类：艺术品、收藏品及古物**

1. 本类内容和结构

其包括某种艺术品，如完全用手工绘制的油画、绘画及粉画，拼贴画及类似装饰板，版画，印制画及石印画的原本，雕塑品的原件；邮票、印花税票及类似票证、邮戳印记、信封、邮政信笺；具有动植物学、矿物学、解剖学、考古学、钱币学意义的收集品及珍藏品；超过100年的古物。

2. 本类归类原则和方法

（1）超过100年的古物的归类。

①除品目9701~9705以外的物品，若超过100年则优先归入品目9706。如超过100年的乐器不按乐器归入第92章，而归入品目9706。

②品目9701~9705的物品即使超过100年，仍归入原品目。

（2）已装框的画的归类。已装框的本章各类画及类似装饰板，若框架的种类及其价值与作品相称时（即加上的框架不改变原来作品的基本特征），此时框架与作品一并归类；若框架的种类及其价值与作品不相称时，应分别归类。

（3）邮票的归类。

①未经使用且在承认其面值的国家流通的邮票归入品目4907。

②已经使用的所有邮票归入品目9704。

③超过100年的邮票仍归入品目9704。

报关单录入与复核

 知识目标

（1）了解关检融合背景下报关单填报总体要求；
（2）了解报关单各栏目之间的逻辑关系及规范填报的基本要求。

 技能目标

（1）能提供咨询或处理接单过程中的问题，并指导进出口企业准备完整的报关单据；
（2）快速、准确录入报关单；
（3）快速复核报关单以及处理报关申报中的常见问题。

 素质目标

（1）培养学生具备良好的报关单证岗位素养及严谨细致的工作作风；
（2）培养学生具有良好的抗压能力。

 项目导读

《中华人民共和国海关法》规定："进口货物的收货人、出口货物的发货人应当向海关如实申报，交验进出口许可证件和有关单证。"其中，报关单是通关过程中最核心的单据。报关单既是海关对进出口货物进行监管、征税、统计及开展稽查、调查的重要依据，又是出口退税和外汇管理的重要凭证，也是海关处理进出口货物走私、违规案件等的重要书面材料。同时准确高效填报报关单与高效通关也有着密切的联系。

2018年3月出入境检验检疫部门划入中国海关之后，关务检务监管部门快速融合。2018年8月1日起取消QP系统中的一次申报功能，改为在中国国际贸易单一窗口融合申报，整合海关原报关单申报项目和检验检疫原报检单申报项目，新版进出口货物报关单和进出境货物备案清单格式于2018年8月1日起启用，原报关单、备案清单，原出入境货物报检单等同时废止或停用。

关检融合后报关单中关务项目和检务项目应如何准确填写？我们应如何快速高效地审核报关单？这些问题将在本项目中予以阐述。

任务 1　认识报关单

一、报关单的含义

报关单是指进出口货物的境内收发货人或其代理人，按照海关规定格式对进出口货物的实际情况做出书面申请，以此要求海关对其货物按适用的海关制度办理通关手续的法律文书。

关检融合申报是指对海关原报关单申报项目和检验检疫原报检单申报项目整合，形成"四个一"，即"一张报关单、一套随附单证、一组参数代码、一个申报系统"。

2018 年 8 月 1 日起，我国取消 QP 系统申报，启用在"互联网 + 海关"或"中国国际贸易易单一窗口"进行申报的制度，如图 2 – 1 所示。

图 2 – 1　中国国际贸易单一窗口

新版报关单格式如表 2 – 2、表 2 – 3 所示。

新版报关单较之以往的主要变化是：

（1）以原报关单 48 个项目为基础，增加部分原报检内容，形成了涵盖 56 个项目的新版报关单。

（2）版式为横版，不同于以往的竖版，这样与国际推荐的报关单样式更接近，纸质报关单全部采用普通打印方式，不再进行套打。

（3）整合简化了申报随附单证，形成了统一的随附单证申报规范。

表2-2 新版中华人民共和国海关进口货物报关单

预录入编号： 海关编号： （申报地海关） 页码/页数

境内收货人	进境关别		进口日期		申报日期	备案号
境外发货人	运输方式		运输工具名称及航次号		提运单号	货物存放地点
消费使用单位	监管方式		征免性质		许可证号	启运港
合同协议号	贸易国（地区）		启运国（地区）		经停港	入境口岸
包装种类	件数	毛重（千克）	净重（千克）	成交方式	运费	保费	杂费

随附单证
随附单证1：随附单证2：

标记唛码及备注

项号 商品编号 商品名称、规格型号 数量及单位 单价/总价/币制 原产国（地区 最终目的国 境内目的地征免

特殊关系确认： 价格影响确认： 支付特许权使用费确认： 公式定价确认： 暂定价格确认： 自报自缴：

申报人员 申报人员证号 电话 兹声明对以上内容承担如实申报、依法纳税之法律责任 海关批注及签章
申报单位（签章）

表2-3 新版中华人民共和国海关出口货物报关单

预录入编号： 海关编号： （申报地海关） 页码/页数

境内发货人	出境关别		出口日期		申报日期	备案号
境外收货人	运输方式		运输工具名称及航次号		提运单号	
生产销售单位	监管方式		征免性质		许可证号	
合同协议号	贸易国（地区）		运抵国（地区）		指运港	离境
包装种类	件数	毛重（千克）	净重（千克）	成交方式	运费	保费	杂费

随附单证
随附单证1：随附单证2：

标记唛码及备注

项号 商品编号 商品名称及规格型号 数量及单位 单价/总价/币制 原产国（地区） 最终目的国（地区） 境内货源地征免

续表

特殊关系确认：　　价格影响确认：　　支付特许权使用费确认：　　公式定价确认：　　暂定价确认：　　自报自缴：
申报人员　申报人员证号　电话　兹声明对以上内容承担如实申报、依法纳税之法律责任　海关批注及签章 申报单位（签章）

（4）参照国际标准统一了国别（地区）代码、港口代码、币值代码、运输方式代码、监管方式代码、计量单位代码、包装种类代码、集装箱规格代码等参数代码，实现了现有参数代码的标准化。

（5）用户由"互联网＋海关"或"中国国际贸易单一窗口"进入申报。

报关单录入的几种情况

（1）报关单录入凭证：申报单位按报关单的格式填写的凭单，用作报关单预录入的依据。该凭单的编号规则由申报单位自行决定。

（2）预录入报关单：预录入单位按照申报单位填写的报关单凭单录入、打印，由申报单位向海关申报，海关尚未接受申报的报关单。

（3）报关单证明联：海关在核实货物实际进出境后，按报关单格式提供的、用作进出口货物收发货人向国家税务、外汇管理部门办理退税和外汇核销手续的证明文件。

二、报关单填报基本要求

进出口货物的收发货人或其代理人向海关申报时，必须填写并向海关递交进口或出口货物的报关单。报关人员在填制报关单时，必须做到真实、准确、齐全、清楚。

（一）真实性

报关人员必须按照《中华人民共和国海关法》《中华人民共和国海关进出口货物申报管理规定》和《中华人民共和国海关进出口货物报关单填制规范》的有关规定，向海关如实申报，做到两个相符：一是单证相符，即报关单中所列各项内容与合同、发票、装箱单、提单以及批文等相符；二是单货一致，即报关单中所列各项内容与实际进出口货物情况相符，尤其是货物的品名、规格型号、数（重）量、原产国、价格等内容，不允许有伪报、瞒报或虚报等情况存在。

（二）完整性

报关单中各栏目必须准确、齐全、完整、清楚。报关单所列各项内容要逐项详细填写，确保内容完整。

（三）分单填报

以下情况须分单填报：

（1）不同批文或合同项下的货物，应分单填报；

（2）同一批货物中不同贸易方式的货物、不同备案号的货物、不同提运单号的货物、不同征免性质的货物、不同运输方式或相同运输方式但不同航次号的货物等，均应分单填报；

（3）在一批货物中，对于实行原产地证书联网管理的，涉及多份原产地证书或含非原产地证书商品，均应分单填报。

任务2   报关单填制准备

一、确认通关重要事项

在正式填单和审单前，报关单位与报关委托单位确认如下信息：商品的中文名称、申报要素、监管方式、特殊关系、价格影响、与货物有关的特许权使用费支付。

二、确认 HS 编码

HS 编码直接影响海关的监管证件要求、进出口税率、出口退税率等重要事项，因此报关人员要根据专业知识，并与境内收发货人确认货物的 HS 编码。

三、核实报关材料

报关人员要尽"合理审查"义务，确认单据是否完整、证件是否有效，与到港、离港货物的实际情况是否一致。

任务3   录入报关单关务数据

一、基础栏目录入

（一）海关的预录入编号和海关编号

预录入编号指预录入报关单的编号，一份报关单对应一个预录入编号，由系统自动生成。报关单预录入编号为18位，其中第1~4位为接受申报海关的代码（海关规定的《关区代码表》中相应的海关代码），第5~8位为录入时的公历年份，第9位为进出口标志（"1"为进口，"0"为出口；集中申报清单"I"为进口，"E"为出口），后9位为顺序编号。

海关编号指海关接受申报时给予报关单的编号，一份报关单对应一个海关编号，由系统自动生成。报关单海关编号为 18 位，其中第 1~4 位为接受申报海关的代码（海关规定的"关区代码表"中相应海关代码），第 5~8 位为海关接受申报的公历年份，第 9 位为进出口标志（"1"为进口，"0"为出口；集中申报清单"I"为进口，"E"为出口），后 9 位为顺序编号。

填报要求：海关接受申报时给予报关单的编号，上述两个编号由系统自动生成，无须人工录入。

（二）申报地海关

填报要求：填报海关规定的"关区代码表"中相应海关的名称及代码。

（三）境内收发货人

境内收发货人是指在海关备案的对外签订并执行进出口贸易合同的中国境内法人、其他组织。

填报要求：填报在海关备案的对外签订并执行进出口贸易合同的中国境内法人、其他组织名称及编码，编码填报 18 位的法人和其他组织统一社会信用代码，没有统一社会信用代码的，填报其在海关的备案编号。

注：企业的 18 位法人和其他组织统一社会信用代码可通过"国家企业信用信息公示系统"（http：//www.gsxt.gov.cn）查询。

报关单位海关代码是企业在海关注册登记获得的海关 10 位编号。其 1~4 位是属地行政区划代码；第 5 位是市内经济区划代码；第 6 位是进出口企业经济类型代码；第 7~10 位是顺序号。其中，第 5 位和第 6 位代码数字所代表的内容如表 2-4 所示。

表 2-4　海关代码第 5 位、第 6 位代码数字所代表的内容

第 5 位：代表经济区划		第 6 位：代表企业性质			
代码	经济区划含义	代码	企业性质含义	代码	企业性质含义
1	经济特区	1	国有企业	8	有报关权而没有进出口经营权的企业
2	经济技术开发区	2	中外合作企业	9	其他，包括外国驻华企事业机构、外国驻华使领馆和临时进出口货物的企业、单位和个人等
3	高新技术开发区	3	中外合资企业		
4	保税区	4	外商		
5	出口加工区	5	有进出口经营权的集体企业		
6	保税港区	6	有进出口经营权的私营企业		
9	其他	7	有进出口经营权的个体工商户		

 拓 展

"境内发货人"栏特殊情况填报

进出口货物合同的签订者和执行者非同一企业的,填报执行合同的企业;

外商投资企业委托进出口企业进口投资设备、物品的,填报外商投资企业,并在标记唛码及备注栏注明"委托某进出口企业进口",同时注明被委托企业的18位法人和其他组织的统一社会信用代码;

有代理报关资格的报关企业代理其他进出口企业办理进出口报关手续时,填报委托的进出口企业;

海关特殊监管区域收发货人填写该区域的实际经营单位或海关特殊监管区域内经营企业。

(四) 境外收发货人

境外收货人指签订并执行出口贸易合同中的买方或合同指定的收货人,境外发货人指签订并执行进口贸易合同中的卖方。

填报要求:填报签订并执行出口贸易合同中的境外一方的英文名称及编码。检验检疫要求填报其他外文名称的,在英文名称后加半角括号填报该外文名称;对于AEO互认国家企业的,填报AEO编码,填报方式为:国别(地区)代码+海关企业编码,表2-5所示为部分国家(地区)AEO代码。

表2-5 部分国家(地区)AEO代码

国家(地区)	填制格式
白俄罗斯	国别(地区)代码BY+AEO企业编码(4位数)
新西兰	国别(地区)代码NZ+AEO企业编码(4位数)
中国台湾	国别(地区)代码TW+AEO企业编码(9位数)
中国香港	国别(地区)代码HK+AEO企业编码(10位数)
韩国	国别(地区)代码KR+AEO企业编码(7位数)
新加坡	国别(地区)代码SG+AEO企业编码(12位数)
日本	国别(地区)代码JP+AEO企业编码(17位数)
以色列	国别(地区)代码IL+AEO企业编码(9位数)
瑞士	国别(地区)代码CHE+数字代码(8位数)+1位识别码

我国出口货物的AEO认证编码格式:CN+在我国海关注册的10位企业编码。

非互认国家等其他情形,编码免于填报。特殊情况下无境外收发货人的,名称及编码填报"NO"。

(五) 消费使用单位/生产销售单位

消费使用单位是指已知的进口货物在境内的最终消费或使用单位,包括自行进口货物的

单位或者委托进出口企业进口货物的单位。

生产销售单位是指出口货物在境内的生产或销售单位，包括自行出口货物的单位或委托进出口企业出口货物的单位。免税品经营单位经营出口退税国产商品的，填报该免税品经营单位统一管理的免税店。

减免税货物报关单的消费使用单位/生产销售单位应与《中华人民共和国海关进出口货物征免税证明》（以下简称《征免税证明》）的"减免税申请人"一致；保税监管场所与境外之间的进出境货物，消费使用单位/生产销售单位填报保税监管场所的名称（保税物流中心（B型）填报中心内企业名称）。

海关特殊监管区域的消费使用单位/生产销售单位填报区域内经营企业（"加工单位"或"仓库"）。

编码填报要求：

（1）填报18位法人和其他组织统一社会信用代码。

（2）无18位统一社会信用代码的，填报"NO"。

进口货物在境内的最终消费或使用以及出口货物在境内的生产或销售的对象为自然人的，填报身份证号、护照号、台胞证号等有效证件号码及姓名。

"境外收发货人"栏特殊情况填报

（1）减免税货物报关单的消费使用单位/生产销售单位应与"征免税证明"的"减免税申请人"一致；保税监管场所与境外之间的进出境货物，消费使用单位/生产销售单位填报保税监管场所的名称（保税物流中心（B型）填报中心内企业名称）。

（2）海关特殊监管区域的消费使用单位/生产销售单位填报区域内经营企业（"加工单位"或"仓库"）。

（3）进口货物在境内的最终消费或使用以及出口货物在境内的生产或销售的对象为自然人的，填报身份证号、护照号、台胞证号等有效证件号码及姓名。

（六）货物存放地点

填报进口货物进境后存放的场所或地点，包括海关监管作业场所、分拨仓库、定点加工厂、隔离检疫场、企业自有仓库等。

（七）进（出）境关别

填报货物进出境的口岸海关，同时填报"关区代码表"中相应口岸海关名称及代码。

从在提/运单上的装货港或卸货港信息判断进出境关别，也可使用海关总署舱单信息查询系统查询货物的承运工具的进出境关别。

"进（出）境关别"特殊情况填报

（1）进口转关运输货物填报货物进出境地海关名称及代码，出口转关与描述货物填报货物出境地海关名称及代码。按照海关运输方式监管的跨关区深加工结转货物，出口报关单填报转出地海关名称及代码，进口报关单填报转入地海关名称及代码。

（2）在不同海关特殊监管区域或保税监管场所之间调拨、转让的货物，填报对方海关特殊监管区域或保税监管场所所在的海关名称及代码。

（3）其他无实际进出境的货物，填报接受申报的海关名称及代码。

（八）进出口日期

进口日期指运载进口货物的运输工具申报进境的日期。

出口日期指运载出口货物的运输工具办结出境手续的日期，在申报时免予填报。

（九）申报日期

申报日期指海关接受进出口货物收发货人、受委托的报关企业申报数据的日期。以电子数据报关单方式申报的，申报日期为海关计算机系统接受申报数据时记录的日期。以纸质报关单方式申报的，申报日期为海关接受纸质报关单并对报关单进行登记处理的日期。本栏目在申报时免予填报。

申报日期为8位数字，顺序为年（4位）、月（2位）、日（2位）。

（十）合同协议号

填报进出口货物合同（包括协议或订单）的编号。免税品经营单位经营出口退税国产商品的，免予填报。

数据出处：外贸合同（Sales Contract）上的合同编号。

二、基于逻辑关系的重点栏目填报

 拓展

电子审单及逻辑关系匹配

海关收到报关人正式申报的报关单电子数据后，电子审单软件首先按设定的审核判断条件参数对所申报的电子数据进行规范性审核，确定是否接受申报，并根据审核结果自动确定报关单电子数据的通道流向。报关单电子数据不能通过规范性审核的，海关不接受申报，退回报关单电子数据，允许报关人修改后重新申报，系统自动对外发布"不接受申报"信息，并做退单记录。报关单电子数据通过规范性审核的，海关即接受申报，电子审单软件自动记录接受申报时间，并对报关单电子数据进行通关风险布控捕捉、审单辅助决策审核和电子审单通道判别。因此，逻辑关系审核是电子审单的重点，也是我们学习报关单内容的方法。

电子审单主要依靠报关单相关栏目之间的逻辑关系匹配进行。接下来根据栏目之间的逻辑关系将报关单关务部分的核心栏目分成以下几组：

（一）监管方式、征免性质、备案号、征免等相关栏目

本组栏目包括报关单表头中"监管方式""征免性质""备案号"以及表体中的"征免"。

1. 监管方式

监管方式是以国际贸易中进出口货物的交易方式为基础，结合海关对进出口货物的征税、统计及监管条件综合设定的货物通关管理方式。

填报要求：本栏按照海关规定的"监管方式代码表"选择填报相应的监管方式简称及代码。监管方式代码由 4 位数字构成，前 2 位是按照海关监管要求和计算机管理需要划分的分类代码，后 2 位是参照国际标准编制的贸易方式代码，如表 2-6 所示。

表 2-6 常见监管方式列表

监管方式代码	监管方式简称	监管方式全称
0110	一般贸易	一般贸易
0130	易货贸易	易货贸易
0214	来料加工	来料加工装配贸易进口料件及加工出口货物
0245	来料料件内销	来料加工料件转内销
0255	来料深加工	来料深加工结转货物
0258	来料余料结转	来料余料结转
0265	来料料件复出	来料加工复运出境的原进口料件
0300	来料料件退换	来料加工料件退换
0615	进料对口	进料加工（对口合同）
0644	进料料件内销	进料加工料件转内销
0654	进料深加工	进料深加工结转货物
0657	进料余料结转	进料加工余料结转
0664	进料料件复出	进料加工复运出境的原进口料件
0700	进料料件退换	进料加工料件退换
0715	进料非对口	进料加工（非对口合同）
1300	修理物品	进出境修理物品
2025	合资合作设备	合资合作企业作为投资的进口设备物品
2225	外资设备物品	外资企业作为投资的进口设备物品
4561	退运货物	因质量不符、延误交货等原因退运进出境货物
4600	进料成品退换	进料成品退换

一份报关单只允许填报一种监管方式，一批货物若涉及不同监管方式，则需分单填报。

数据出处：根据进出口货物的用途、流向与境内收发货人确认合适的监管方式。

拓展

特殊情况下加工贸易货物监管方式填报要求

（1）进口少量低值辅料（即 5 000 美元以下、78 种以内的低值辅料），按规定不使用

《加工贸易手册》的，填报"低值辅料"。使用《加工贸易手册》的，按《加工贸易手册》上的监管方式填报。

（2）加工贸易料件转内销货物以及按料件办理进口手续的转内销制成品、残次品、未完成品，填制进口报关单，填报"来料料件内销"或"进料料件内销"；加工贸易成品凭"征免税证明"转为减免税进口货物的，分别填制进、出口报关单，出口报关单填报"来料成品减免"或"进料成品减免"，进口报关单按照实际监管方式填报。

（3）加工贸易出口成品因故退运进口及复运出口的，填报"来料成品退换"或"进料成品退换"；加工贸易进口料件因换料退运出口及复运进口的，填报"来料料件退换"或"进料料件退换"；加工贸易过程中产生的剩余料件、边角料退运出口，以及进口料件因品质、规格等原因退运出口且不再更换同类货物进口的，分别填报"来料料件复出""来料边角料复出""进料料件复出""进料边角料复出"。

（4）加工贸易边角料内销和副产品内销，填制进口报关单，填报"来料边角料内销"或"进料边角料内销"。

（5）企业销毁处置加工贸易货物未获得收入，销毁处置货物为料件、残次品的，填报"料件销毁"；销毁处置货物为边角料、副产品的，填报"边角料销毁"。

企业销毁处置加工贸易货物获得收入的，填报为"进料边角料内销"或"来料边角料内销"。

（6）免税品经营单位经营出口退税国产商品的，填报"其他"。

2. 征免性质

征免性质指海关对进出口货物实施征、减、免税管理的性质类别。

本栏填报按海关规定的"征免性质代码表"选择相应的征免性质简称及代码（见表2-7）。持有海关核发的"征免税证明"的，按照"征免税证明"中批注的征免性质简称及代码填报。其他情形则根据实际情况结合监管方式进行判断。

表2-7　常见征免性质代码表

征免性质代码	征免性质简称	征免性质全称
101	一般征税	一般征税进出口货物
118	整车征税	构成整车特征的汽车零部件纳税
119	零部件征税	不构成整车特征的汽车零部件纳税
209	其他法定	其他法定减免税进出口货物
401	科教用品	大专院校及科研机构进口科教用品
502	来料加工	来料加工装配和补偿贸易进口零件及出口成品
503	进料加工	进料加工贸易进口料件及出口成品
601	中外合资	中外合资经营企业进出口货物
602	中外合作	中外合作经营企业进出口货物

续表

征免性质代码	征免性质简称	征免性质全称
603	外资企业	外商独资企业进出口货物
789	鼓励项目	国家鼓励发展的内外资项目进口设备
799	自有资金	外商投资额度外利用自由资金进口设备、备件、配件

注："加工贸易货物报关单"按照海关核发的《加工贸易手册》中批注的征免性质简称及代码填报。特殊情况填报要求如下：①加工贸易转内销货物，按实际情况填报（如一般征税、科教用品、其他法定等）；②料件退运出口、成品退运进口货物填报"其他法定"；③加工贸易结转货物，免予填报；④免税品经营单位经营出口退税国产商品的，填报"其他法定"。

一份报关单只允许填报一种征免性质，涉及多个征免性质应分单填报。

拓展

特殊情况填报要求

"加工贸易货物报关单"按照海关核发的《加工贸易手册》中批注的征免性质简称及代码填报。如下：

（1）加工贸易转内销货物，按实际情况填报（如一般征税、科教用品、其他法定等）。

（2）料件退运出口、成品退运进口货物填报"其他法定"。

（3）加工贸易结转货物，免予填报。

（4）免税品经营单位经营出口退税国产商品的，填报"其他法定"。

3．备案号

备案号指进出口货物收发货人、消费使用单位、生产销售单位在海关办理加工贸易合同备案或征、减、免税审核确认等手续时，海关核发的《加工贸易手册》、海关特殊监管区域和保税监管场所保税账册、征免税证明或其他备案审批文件的编号（首字母为备案或审批文件类型的标记，见表2-8）。

表2-8　备案手册标记代码及含义

备案手册标记代码含义	标记码
来料加工登记手册	B
进料加工登记手册	C
外商免费提供的加工贸易不作价设备登记手册	D
加工贸易异地进出口分册	F
加工贸易深加工结转分册	G
出入出口加工区的保税货物的电子账册	H
保税仓库记账式电子账册	J

续表

备案手册标记代码含义	标记码
保税仓库备案式电子账册	K
汽车零部件电子账册	Q
原产地证书	Y
征免税证明	Z

本栏目填报海关核发的《加工贸易手册》、海关特殊监管区域和保税监管场所保税账册、征免税证明或其他备案审批文件的编号（首字母为备案或审批文件类型的标记）。备案号长度为12位。第1位是标记码，第2~5位是关区代码，第6位是年份（通常为年份最后一位数字），第7~12位为序列号。

一份报关单只允许填报一个备案号，涉及多个备案号的，应进行分单填报。

4. 征免

填报要求：根据海关核发的"征免税证明"或有关政策规定，对报关单所列每项商品选择海关规定的"征减免税方式代码表"中相应的征减免税方式，如表2-9所示。

表2-9　征减免税方式及代码

征减免税方式名称	代码	征减免税方式名称	代码
照章征税	1	保证金	6
折半征税	2	保函	7
全免	3	折半补税	8
特案	4	全额退税	9
随征免性质	5		

讨论

逻辑关联分析

按照实际情况，上述各栏目存在以下逻辑关联：一般情况下，"监管方式"栏为"一般贸易"，则"征免性质"栏填报"一般征税"、"备案号"栏填报空、"征免"栏填报"照章征税"，除此之外，还存在特殊情况，如外资企业在投资额度内进口减免税设备、物品时，监管方式填"一般贸易"，征免性质为"鼓励项目"；外资企业在投资额度外进口减免税设备物品时，监管方式填"一般贸易"，征免性质为"自有资金"。

（二）成交方式、运费、保费、杂费及相关栏目

和价格有关的栏目包括表头中的"成交方式""运费""保费""杂费"以及表体中的"特殊关系确认""价格影响确认""支付特许权使用费确认"等。本组栏目和海关审定完税价格有关。

1. 成交方式

本栏目应根据实际成交价格条款按海关规定的"成交方式代码表"（见表2-10）选择填报相应的成交方式代码。

表2-10　贸易术语与报关单中"成交方式"填写的对应关系

外贸合同的贸易术语	报关单中应填写的成交方式	成交方式代码
CIF、CIP、DDP、DAT、DAP	CIF	1
CFR（CNF、C&F）、CPT	C&F	2
FCA、FAS、FOB	FOB	3
EXW	EXW	7

填报要求：根据进出口货物实际成交价格条款，按照海关规定的"成交方式代码表"选择相应的成交方式代码。无实际进出境的，进口填报CIF价，出口填报FOB价。

2. 运费

本栏目填报进口货物抵达我国境内输入地点起卸前的运输费用、出口货物运至我国境内输出地点装卸后的运输费用。

填报要求：可按运费单价、总价或运费率三种方式之一填报，注明运费标记（运费标记"1"表示运费率，"2"表示每吨货物的运费单价，"3"表示运费总价），并按海关规定的"货币代码表"选择填报相应的币种代码。

3. 保费

本栏目填报进口货物运抵我国境内输入地点起卸前的保险费用、出口货物运至我国境内输出地点装载后的保险费用。

填报要求：可按保险费总价或保险费率两种方式之一填报，注明保险费标记（保险费标记"1"表示保费费率，"3"表示表现费总价），并按海关规定的"货币代码表"选择填报相应的币种代码。进出口报关单不同成交方式下运、保费填写比较如表2-11所示。

表2-11　进出口报关单不同成交方式下运、保费填写比较

项目	成交方式	运费	保费
进口	CIF	不填	不填
	C&R	不填	填
	FOB	填	填
出口	FOB	不填	不填
	C&R	填	不填
	CIF	填	填

数据出处：保险费发票，由境内收发货人提供。

4. 杂费

本栏目填报成交价格以外的，按照《中华人民共和国进出口关税条例》相关规定应计入完税价格或应从完税价格中扣除的费用。

填写要求：可按杂费率或杂费总价两种方式之一填报，注明杂费标记（杂费标记"1"

表示杂费率，"3"表示杂费总价），"杂费率"的填写：应计入完税价格的杂费填报为正值或正率，应从完税价格中扣除的杂费填报为负值或负率。杂费总价的填写：要根据海关规定的"货币代码表"选择填报相应的币种代码。

数据出处：相关费用发票由境内收发货人提供。

 **讨论**

常见的杂费之海运附加费

发生在货物运抵起卸之前的以下海运附加费用应作为杂费计入完税价格中：

燃油附加费（BAF/FAF）、货币贬值附加费（CAF）、紧急燃油附加费（EBS）、紧急成本附加费（ECRS）、旺季附加费（PSS）、集装箱不平衡附加费（CIC）。

如果在申报时没有取得船舶公司提供的运费清单，可以在明确金额后向海关补充申报。

5. 特殊关系确认

根据《中华人民共和国海关审定进出口货物完税价格办法》第十六条规定：填报确认进出口行为中买卖双方是否存在特殊关系，有下列情形之一的，应当认为买卖双方存在特殊关系，应填报"是"，反之填报"否"。

（1）买卖双方为同一家族成员的。

（2）买卖双方互为商业上的高级职员或者董事的。

（3）一方直接或者间接地受另一方控制的。

（4）买卖双方都直接或间接地受第三方控制的。

（5）买卖双方共同直接或间接地控制第三方的。

（6）一方直接或间接地拥有、控制或者持有对方5%以上（含5%）公开发行的有表决权的股票或股份的。

（7）一方是另一方的雇员、高级职员或董事的。

（8）买卖双方是同一合伙的成员的。

（9）买卖双方在经营上相互有联系，一方是另一方的独家代理、独家经销或者独家受让人，如果符合前款的规定也应当视为存在特殊关系。

填报时出口货物免予填报，加工贸易及保税监管货物（内销保税货物除外）免予填报。

6. 价格影响确认

根据《中华人民共和国海关审定进出口货物完税价格办法》（以下简称《审价办法》）第十七条，填报确认纳税义务人是否可以证明特殊关系未对进口货物的成交价格产生影响，纳税义务人员能证明其成交价格与同时或者大约同时发生的下列任何一款价格相近的，应视为特殊关系未对成交价格产生影响，填报"否"，反之填报"是"：

（1）向境内无特殊关系的买方出售的相同或者类似进口货物的成交价格；

（2）按照《审价办法》第二十三条的规定所确定的相同或者类似进口货物的完税价格；

（3）按照《审价办法》第二十五条的规定所确定的相同或者类似进口货物的完税价格。

填报时出口货物免于填报，加工贸易及保税监管货物（内销保税货物除外）免于填报。

数据出处：由境内收发货人提供。

7. 支付特许权使用费确认

根据《审价办法》第十一条和第十三条，填报确认买方是否存在向卖方或者有关方直接或者间接支付与进口货物有关的特许权使用费，且未包括在进口货物的实付、应付价格中。

买方存在需向卖方或有关方直接或者间接支付特许权使用费，且未包含在进口货物实付、应付价格中，并且符合《审价办法》第十三条的规定的，在"支付特许权使用费确认"栏目填报"是"。

买方存在需向卖方或有关方直接或者间接支付特许权使用费，且未包含在进口货物实付、应付价格中，纳税义务人无法确认是否符合《审价办法》第十三条的，填报"是"。

买方存在需要向卖方或有关方直接或间接支付特许权使用费且未包含在实付、应付价格中，纳税义务人根据《审价办法》第十三条，可以确认需支付的特许权使用费与进口货物无关的，填报"否"。

买方不存在向卖方或有关方直接或者间接支付特许权使用费的，或者特权使用费已经包含在进口货物实付、应付价格中的，填报"否"。

注意：出口货物免于填报，加工贸易及保税监管货物（内销保税货物除外）免于填报。

 拓展

某医药公司向武汉天河机场海关申报自美国进口的一批紫杉醇原料药，合同约定成交方式为 CIF，申报价格为 300 260 美元。双方签订一份进口紫杉醇原料药的"独家经销协议"，由买方支付 5 万美元以取得分销权、销售权，该笔费用未包括在实付价格中，请问，报关单中"支付特许权使用费确认"栏目应填报"是"还是"否"？

（三）贸易国、运抵国（或启运国）、经停港（或指运港）等相关栏目

与"运抵国"有关的栏目还包括表头中的贸易国、运抵国（或启运国）、经停港（或指运港）、入境口岸（或离境口岸）等，也包括表体中的原产国、最终目的国、境内货源地和境外目的地等，本组栏目与货物去向或来源有关。

1. 贸易国

填报要求：填报发生商业性交易的进口填报购自国（地区），出口填报售予国（地区）。未发生商业性交易的填报货物所有权拥有者所属的国家（地区）。按海关规定选择填报相应的贸易国（地区）中文名称及代码。

数据出处：外贸合同或发票上的境外贸易企业所在国家（地区）。

2. 启运国（地区）/运抵国（地区）

本栏目填报进口货物起始发出直接运抵我国或者在运输中转国（地区）未发生任何商业性交易的情况下运抵我国的国家（地区）。运抵国（地区）填报出口货物离开我国关境直接运抵或者在运输中转国（地区）未发生任何商业性交易的情况下最后运抵的国家（地区）。

拓 展

如何判断运抵国

不经过第三国（地区）转运的直接运输进出口货物，以进口货物的装货港所在国（地区）为启运国（地区），以出口货物的指运港所在国（地区）为运抵国（地区）。

经过第三国（地区）转运的进出口货物，如在中转国（地区）发生商业性交易，则以中转国（地区）作为启运国（地区）（或运抵国（地区））。

以上这段文字改为：首先，从运输单据上判断货物是否发生运输中转，再通过商业发票、合同等判断交易情况。如果货物发生运输中转，且在中转地发生交易，则中转地所在国家为运抵国；如果货物发生运输中转，且在中转地未发生交易，则中转地所在国家不是运抵国。

填报要求：按照海关规定的"国别（地区）代码表"选择填报相应的启运国（地区）或运抵国（地区）中文名称及代码。无实际进出境的货物，填报"中国"及代码。

数据出处：运输单据的装货港（Port of Loading）/目的港（Port of Destination）和转运（Transshipment 或 Via 等）情况，需要同时核对外贸合同或商业发票交易对方所在国家（地区）。

3. 启运港

启运港指的是进口货物在运抵我国关境前的第一个境外装运港。

填报要求：根据实际情况，按照海关规定的"港口代码表"（见表2-12）填报相应的港口名称及代码，未在"港口代码表"中列明的，填报相应的国家名称及代码。货物从海关特殊监管区域或保税监管场所运至境内区外的，填报"港口代码表"中相应海关特殊监管区域或保税监管场所的名称及代码，未在"港口代码表"中列明的，填报"未列出的特殊监管区"及代码。

表2-12　部分港口代码

代码	中文名称	英文名称
KOR003	釜山（韩国）	Busan, Korea（Republic of）
NLD066	鹿特丹（荷兰）	Rotterdam, Netherlands
DEU063	汉堡（德国）	Hamburg, Germany
MYS105	巴生港（马来西亚）	Port Kelang, Malaysia

无实际进境的货物，填报"中国境内"及代码。

数据出处：进口运输单据中的装运港，若有转运，填报第一个装运港。

4. 经停港/指运港

经停港是指进口货物在运抵我国关境前的最后一个境外装运港。

指运港是指出口货物运往境外的最终目的港。

填报要求：根据实际情况，按照海关规定的"港口代码表"选择填报相应的港口名称及代码。"港口代码表"中无相应港口名称及代码的，应填报相应的国家名称及代码。无实际进出境的货物，填报"中国境内"及代码。

数据出处：运输单据的装货港/目的港和转运情况。

5. 入境口岸/离境口岸

填报要求：按海关规定的"国内口岸编码表"选择填报相应的境内口岸名称及代码。

入境口岸/离境口岸类型包括港口、码头、机场、机场货运通道、边境口岸、火车站、车辆装卸点、车检场、陆生港以及海关特殊监管区域等。

数据出处：运输单据的装货港/目的港栏目。

6. 原产国

填报要求：按照海关规定的"国别（地区）代码表"填报相应的国家（地区）名称及代码。

①原产国（地区）依据《中华人民共和国进出口货物原产地条例》《中华人民共和国海关关于执行〈非优惠原产地规则中实质性改变标准〉的规定》以及海关总署关于各项优惠贸易协定原产地管理规章规定的原产地确定标准填报。

②同一批进出口货物的原产地不同的，分别填报原产国（地区）。进出口货物原产国（地区）无法确定的，填报"国别不详"。

数据出处：来自原产地证书或原产地声明，外贸合同、商业发票、提运单上的唛头产地信息。

7. 最终目的国（地区）

填报要求：按照海关规定的"国别（地区）代码表"选择填报相应的国家（地区）名称及代码。

最终目的国（地区）填报已知的进出口货物的最终实际消费、使用或进一步加工制造的国家（地区）。不经过第三国（地区）转运的直接运输货物，以运抵国（地区）为最终目的国（地区）；经过第三国（地区）转运的货物，最后运往国（地区）不同的，分别填报最终目的国（地区）。货物不能确定最终目的国（地区）时，以尽可能预知的最后运往国（地区）为最终目的国（地区）。

8. 境内目的地/境内货源地

填报要求：本栏目填报进口申报时需要填写境内目的地代码和目的地代码两栏，出口申报时需要填写境内货源地代码和产地代码两栏。

（1）境内目的地填报已知的进口货物在国内的消费、使用地或最终运抵地，如最终运抵地为最终使用单位所在的地区，最终使用单位难以确定的，填报货物进口时预知的最终收货单位所在地。

（2）境内货源地填报出口货物在国内的产地或原始发货地。出口货物产地难以确定的，填报最早发运该批出口货物的单位所在地。

（3）海关特殊监管区域、保税物流中心（B型）与境外之间的进出境货物，境内目的地/境内货源地填报本海关特殊监管区域、保税物流中心（B型）所对应的国内地区名称及代码。

（4）目的地/产地的代码根据"行政区划代码表"选择填报对应的县级行政区名称及代码。

（四）运输方式、包装种类及相关栏目

与"运输方式""包装种类"有关的栏目还包括运输工具名称及航次号、提运单号、件数、毛重、净重等栏目，本组栏目与货物包装有关。

1. 运输方式

填报要求：根据货物实际进出境的运输方式或货物在境内流向的类别，按照海关规定的"运输方式代码表"选择填报相应的运输方式。

实际运输方式按进出境所适用的运输工具分类；特殊的运输方式指货物无实际进出境的运输方式，按货物在境内的流向分类。

（1）特殊情况填报：

①非邮件方式进出境的快递货物，按实际运输方式填报。

②进口转关运输货物，按载运货物抵达进境地的运输工具填报；出口转关运输货物，按载运货物驶离出境地的运输工具填报。

③不复运出（入）境而留在境内（外）销售的进出境展览品、留赠转卖物品等，填报"其他运输"（代码9）。

④进出境旅客随身携带的货物，填报"旅客携带"（代码L）。

⑤以固定设施（包括输油、输水管道和输电网等）运输货物的，填报"固定设施运输"（代码G）。

（2）无实际进出境货物在境内流转时填报：

①境内非保税区运入保税区货物和保税区退区货物，填报"非保税区"（代码0）。

②保税区运往境内非保税区货物，填报"保税区"（代码7）。

③境内存入出口监管仓库和出口监管仓库退仓货物，填报"监管仓库"（代码1）。

④保税仓库转内销货物或转加工贸易货物，填报"保税仓库"（代码8）。

⑤从境内保税物流中心外运入中心或从中心运往境内中心外的货物，填报"物流中心"（代码W）。

⑥从境内保税物流园区外运入园区或从园区内运往境内园区外的货物，填报"物流园区"（代码X）。

⑦保税港区、综合保税区与境内（区外）（非海关特殊监管区域、保税监管场所）之间进出的货物，填报"保税港区/综合保税区"（代码Y）。

⑧出口加工区、珠澳跨境工业区（珠海园区）、中哈霍尔果斯边境合作中心（中方配套区）与境内（区外）（非海关特殊监管区域、保税监管场所）之间进出的货物，填报"出口加工区"（代码Z）。

⑨境内运入深港西部通道港方口岸区的货物以及境内进出中哈霍尔果斯边境合作中心中方区域的货物，填报"边境特殊海关作业区"（代码H）。

⑩经横琴新区和平潭综合试验区（以下简称综合试验区）二线指定申报通道运往境内区外或从境内经二线指定申报通道进入综合试验区的货物，以及综合试验区内按选择性征收关税申报的货物，填报"综合试验区"（代码T）。

⑪海关特殊监管区域内的流转、调拨货物，海关特殊监管区域、保税监管场所之间的流转货物，海关特殊监管区域与境内区外之间进出的货物，海关特殊监管区域外的加工贸易余料结转、深加工结转、内销货物，以及其他境内流转货物，填报"其他运输"（代码9）。

2. 运输工具名称及航次号

填报要求：填报载运货物进出境的运输工具名称或编号及航次号。与海关系统中的舱单（载货清单）内容一致。

注意：海运提单上的船舶信息为 HUANG HE/V. N097，则正确的录入方法是 HUANG HE、N097，纸质报关单显示"HUANG HE/N097"。

（1）直接在进出境地或采用全国通关一体化通关模式办理报关手续的报关单填报：

①水路运输：填报船舶编号（来往港澳小型船舶为监管簿编号）或者船舶英文名称。

②公路运输：启用公路舱单前，填报该跨境运输车辆的国内行驶车牌号，深圳提前报关模式的报关单填报国内行驶车牌号 + "/" + "提前报关"。启用公路舱单后，免予填报。

③铁路运输：填报车厢编号或交接单号。

④航空运输：填报航班号。

⑤邮件运输：填报邮政包裹单号。

⑥其他运输：填报具体运输方式名称，例如管道、驮畜等。

（2）转关运输货物的报关单填报：

①进口：

A. 水路运输：直转、提前报关填报"@" + 16 位转关申报单预录入号（或 13 位载货清单号）；中转填报进境英文船名。

B. 铁路运输：直转、提前报关填报"@" + 16 位转关申报单预录入号；中转填报车厢编号。

C. 航空运输：直转、提前报关填报"@" + 16 位转关申报单预录入号（或 13 位载货清单号）；中转填报"@"。

D. 公路及其他运输：填报"@" + 16 位转关申报单预录入号（或 13 位载货清单号）。

E. 以上各种运输方式使用广东地区载货清单转关的提前报关货物填报"@" + 13 位载货清单号。

②出口：

A. 水路运输：非中转填报"@" + 16 位转关申报单预录入号（或 13 位载货清单号）。如多张报关单需要通过一张转关单转关的，运输工具名称字段填报"@"。

中转货物，境内水路运输填报驳船船名；境内铁路运输填报车名（主管海关 4 位关区代码 + "TRAIN"）；境内公路运输填报车名（主管海关 4 位关区代码 + "TRUCK"）。

B. 铁路运输：填报"@" + 16 位转关申报单预录入号（或 13 位载货清单号），如多张报关单需要通过一张转关单转关的，填报"@"。

C. 航空运输：填报"@" + 16 位转关申报单预录入号（或 13 位载货清单号），如多张报关单需要通过一张转关单转关的，填报"@"。

D. 其他运输方式：填报"@" + 16 位转关申报单预录入号（或 13 位载货清单号）。

（3）采用"集中申报"通关方式办理报关手续的，报关单填报"集中申报"。

（4）免税品经营单位经营出口退税国产商品的，免予填报。

（5）无实际进出境的货物，免予填报。

数据出处：运输单据上上相关信息。

3. 提运单号

填报进出口货物提单或运单的编号。一份报关单只允许填报一个提单或运单号，一票货物对应多个提单或运单时，应分单填报。

填报要求：

（1）直接在进出境地或采用全国通关一体化通关模式办理报关手续的：

①水路运输：填报进出口提单号。如有分提单的，填报进出口提单号 + "*" + 分提单号。

②公路运输：启用公路舱单前，免予填报；启用公路舱单后，填报进出口总运单号。

③铁路运输：填报运单号。

④航空运输：填报总运单号 + "_" + 分运单号，无分运单的填报总运单号。

⑤邮件运输：填报邮运包裹单号。

（2）转关运输货物的报关单：

①进口：

A. 水路运输：直转、中转填报提单号。提前报关免予填报。

B. 铁路运输：直转、中转填报铁路运单号。提前报关免予填报。

C. 航空运输：直转、中转货物填报总运单号 + "_" + 分运单号。提前报关免予填报。

D. 其他运输方式：免予填报。

E. 以上运输方式进境货物，在广东省内用公路运输转关的，填报车牌号。

②出口：

A. 水路运输：中转货物填报提单号；非中转货物免予填报。

B. 其他运输方式：免予填报。广东省内汽车运输提前报关的转关货物，填报承运车辆的车牌号。

（3）采用"集中申报"通关方式办理报关手续的，报关单填报归并的集中申报清单的进出口起止日期（按年（4 位）月（2 位）日（2 位））。

（4）无实际进出境的货物，免予填报。

填报要求：填报进出口货物提单或运单的编号，一份报关单只允许填报一个提单或运单号，一票货物对应多份提单或运单时，应分单填报。无实际进出境的货物，免于填报此栏。

数据来源：提单（B/L）编号或运单（AWB）编号。

4. 包装种类

填报要求：根据进出口货物的实际外包装种类，按海关规定的"包装种类代码表"（见表 2 - 13）填写。运输包装指提/运单所列货物件数单位对应的包装，例如托盘、纸箱等。其他包装包括货物的各类包装以及植物性铺垫材料等。

数据出处：装箱单等单据。

表 2 - 13　主要包装种类名称及代码

代码	中文名称	代码	中文名称	代码	中文名称
22	纸制或纤维板制盒/箱	39	其他材料制桶	00	散装
23	木制或竹藤等植物性材料制盒/箱	92	再生木托	01	裸装
29	其他材料制盒/箱	93	天然木托	04	球状罐类
32	纸制或纤维板制桶	99	其他包装	06	包/袋
33	木质或竹藤等植物性材料制桶				

5. 件数

填报要求：填写有外包装的进出口货物的实际件数。特殊情况下填报要求如下：舱单件数为集装箱的，填报集装箱个数；舱单件数为托盘的，填报托盘数。裸装货物填报"1"。

数据出处：装箱单等单据。

6. 毛重

填报要求：填报进出口货物及其包装材料的重量之和，计量单位为千克，不足1千克的填报为"1"。

数据出处：提运单、装箱单上的总毛重栏目。

7. 净重

填报要求：填报进出口货物的毛重减去外包装材料后的重量，即货物本身的实际重量，计量单位为千克，不足1千克的填报"1"。

数据来源：装箱单上的总净重栏目。

7. 集装箱信息

填报要求：填报集装箱号、集装箱规格、自重（千克）、拼箱标识、商品项号关系。

集装箱号：集装箱箱体上标识的全球唯一编号。

集装箱规格代码：此代码如表2-14所示。

表2-14　集装箱规格代码

代码	中文名称
11	普通2*标准箱（L）
12	冷藏2*标准箱（L）
13	罐式2*标准箱（L）
21	普通标准箱（S）
22	冷藏标准箱（S）
23	罐式标准箱（S）
31	其他标准箱（S）
32	其他2*标准箱（L）
N	非集装箱

集装箱商品项号关系：单个集装箱对应的商品项号，不同项号间用逗号分隔。

如拼箱，则在拼箱标识栏填写"是"。

（五）随附单证、许可证号及相关栏目

本组栏目包括随附单证、许可证号，涵盖除报关单外应向海关提交的监管证件和特殊证件等。

1. 随附单证及编号

填报要求：根据监管证件代码表选择填报除进出口许可证件以外的监管证件（"许可证号"栏要求填写的许可证件除外）。

随附单证适用于采取无纸化通关模式时上传要求的电子版随附单证。进口货物必备随附单证包括委托报关协议、合同、发票、监管证件、装箱单、提运单等，以及根据海关审核要求提交《加工贸易手册》等；出口货物的必备随附单证包括委托报关协议、监管证件，合同、发票、装箱单等在海关审核并要求提交时再予提交。

 拓 展

"随附单证"栏特殊情况

1. 加工贸易内销

使用加工贸易内销征税报关单，随附单证代码栏填报"C"，随附单证编号填报海关审核通过的内销征税联系单号。

2. 进口申请享受协定税率或者特惠税率时

使用原产地证书或原产地声明。只能使用原产地证书申请享受协定税率或者特惠税率（无原产地声明模式的）："随附单证代码"栏填报原产地证书代码"Y"，在"随附单证编号"栏填报"优惠贸易协定代码"和"原产地证书编号"。

可以使用原产地证书或者原产地声明申请享受优惠税率的（有原产地声明模式），"随附单证代码"栏填报"Y"，"随附单证编号"栏填报"优惠贸易协定代码"、"C"（凭原产地声明申报），以及"原产地证书编号（或者原产地声明序列号）"。一份报关单对应一份原产地证书或原产地声明。

注：《亚太贸易协定》（代码：01）

《中国—东盟自贸协定》（代码：02）

《内地与香港关于建立更紧密经贸关系安排》（香港 CEPA）（代码：03）

《内地与澳门关于建立更紧密经贸关系安排》（澳门 CEPA）（代码：04）

台湾农产品零关税措施（代码：06）

《中国—巴基斯坦自贸协定》（代码：07）

《中国—智利自贸协定》（代码：08）

《中国—新西兰自贸协定》（有原产地声明模式）（代码：10）

《中国—新加坡自贸协定》（代码：11）

《中国—秘鲁自贸协定》（代码：12）

最不发达国家特别优惠关税待遇（有原产地声明模式）（代码：13）

《海峡两岸经济合作框架协议（ECFA）》（代码：14）

《中国—哥斯达黎加自贸协定》（代码：15）

《中国—冰岛自贸协定》（有原产地声明模式）（代码：16）

《中国—瑞士自贸协定》（有原产地声明模式）（代码：17）

《中国—澳大利亚自贸协定》（有原产地声明模式）（代码：18）

《中国—韩国自贸协定》（代码：19）

《中国—格鲁吉亚自贸协定》（代码：20）

2. 许可证号

填报要求：填报进（出）口许可证、两用物项和技术进（出）口许可证、两用物项和技术出口许可证（定向）、纺织品临时出口许可证、出口许可证（加工贸易）、出口许可证（边境小额贸易）的编号。

一份报关单只允许填报一个许可证号。

数据来源：对应的许可证件。

3. 标记唛码及备注

在系统中分标记唛码、备注两个栏目录入数据。

（1）标记唛码填报要求：填报标记唛码中除图形以外的文字、数字，在系统中也可上传图片文档，无标记唛码的填报"N/M"。

（2）备注填报要求：

①受外商投资企业委托代理其进口投资设备、物品的，填报受托进口企业名称。

②关联备案栏的填报：与本报关单有关联，且根据管理规范要求填报的备案号。

③关联报关单栏的填报：与本报关单有关联，且根据管理规范要求填报的报关单号。

④办理进口货物直接退运手续的，填报退运通知书编号。

⑤保税/监管场地栏的填报：填报本保税监管场地编码。

⑥设计加工贸易货物销毁处置的，填报销毁处置申报表编号。

⑦跨境电子商务进出口货物，填报"跨境电子商务"。

⑧加工贸易副产品内销，填报"加工贸易副产品内销"。

⑨服务外包货物进口，填报"国际服务外包进口货物"。

⑩其他情况。

三、报关单表体部分的填报

（一）项号

填报要求：在系统中录入时分两栏填报。第一行填报报关单中商品顺序编号；第二行填报"备案序号"，专用于加工贸易及保税、减免税等已备案、审批的货物，填报该项货物在《加工贸易手册》或"征免税证明"等备案、审批单证中的顺序编号。

（二）商品编号

填报要求：填报由 10 位数字组成的商品编号。前 8 位为《中华人民共和国海关进出口税则》《中华人民共和国海关统计商品目录》确定的编码，第 9 位、10 位为监管附加编号。

数据出处：进出口企业提供前 10 位的 HS 编码。

（三）商品名称及规格型号

本栏目填报与海关确认 HS 编码、适用监管条件以及征税等密切相关。

 政 策 解 读

海关总署 2017 年第 69 号公告：关于修订《中华人民共和国海关进出口货物报关单填制规范》的公告。

为贯彻落实国务院建立品牌统计制度的要求，加强对优惠贸易协定出口货物管理，统一进出口货物报关单项目填制，海关总署对《中华人民共和国海关进出口货物报关单填制规范》（海关总署 2017 年第 13 号公告附件）第三十五项"商品名称、规格型号"进行修改。

现公告如下：

第三十五项"商品名称、规格型号"增加"品牌类型""出口享惠情况"，即：（九）品牌类型。品牌类型为必填项目。可选择"无品牌""境内自主品牌""境内收购品牌""境外品牌（贴牌生产）""境外品牌（其他）"如实填报。其中，"境内自主品牌"是指由境内企业自主开发、拥有自主知识产权的品牌；"境内收购品牌"是指境内企业收购的原境外品牌；"境外品牌（贴牌生产）"是指境内企业代工贴牌生产中使用的境外品牌；"境外品牌（其他）"是指除代工贴牌生产以外使用的境外品牌。（十）出口享惠情况。出口享惠情况为出口报关单必填项目。可选择"出口货物在最终目的国（地区）不享受优惠关税""出口货物在最终目的国（地区）享受优惠关税""出口货物不能确定在最终目的国（地区）享受优惠关税"如实填报。进口货物报关单不填制该申报项。

本公告自 2018 年 1 月 1 日起执行。

填报要求：本栏填报内容包括：商品中文名称及规格型号；品牌类型；出口享惠情况。

①商品中文名称及规格型号。商品名称及规格型号应据实填报，并与进出口货物收发货人或受委托的报关企业所提交的合同、发票等相关单证相符，且足够详细，以能满足海关归类、审价及许可证件管理要求为准，可参照《中华人民共和国海关进出口商品规范申报目录》中对商品名称、规格型号的要求进行填报。

查询申报要素方法：

A. 通过规范申报目录查询申报要素。

规范申报目录

B. 登录通关网 http：//hs. bianmachaxun. com/，输入商品 HS 编码，点击查询按钮，即可查询到商品的申报要素。

②品牌类型。品牌类型为必填项目，可选择"无品牌"（代码 0）、"境内自主品牌"（代码 1）、"境内收购品牌"（代码 2）、"境外品牌（贴牌生产）"（代码 3）、"境外品牌（其他）"（代码 4）如实填报。其中，"境内自主品牌"是指由境内企业自主开发、拥有自主知识产权的品牌；"境内收购品牌"是指境内企业收购的原境外品牌；"境外品牌（贴牌生产）"是指境内企业代工贴牌生产中使用的境外品牌；"境外品牌（其他）"是指除代工贴牌生产以外使用的境外品牌。上述品牌类型中，除"境外品牌（贴牌生产）"仅用于出口外，其他类型均可用于进口和出口。

③出口享惠情况。出口享惠情况为出口报关单必填项目。可选择"出口货物在最终目的国（地区）不享受优惠关税""出口货物在最终目的国（地区）享受优惠关税""出口货物不能确定在最终目的国（地区）享受优惠关税"如实填报。进口货物报关单不填报该申报项。

拓 展

进口货物收货人以一般贸易方式申报进口属于《需要详细列名申报的汽车零部件清单》(海关总署2006年第64号公告)范围内的汽车生产件的，按以下要求填报：

(1) 商品名称填报进口汽车零部件的详细中文商品名称和品牌，中文商品名称与品牌之间用"/"相隔，必要时加注英文商业名称；进口的成套散件或者毛坯件应在品牌后加注"成套散件""毛坯"等字样，并与品牌之间用"/"相隔。

(2) 规格型号填报汽车零部件的完整编号。在零部件编号前应当加注"S"字样，并与零部件编号之间用"/"相隔，零部件编号之后应当依次加注该零部件适用的汽车品牌和车型。汽车零部件属于可以适用于多种汽车车型的通用零部件的，零部件编号后应当加注"TY"字样，并用"/"与零部件编号相隔。与进口汽车零部件规格型号相关的其他需要申报的要素，或者海关规定的其他需要申报的要素，如"功率""排气量"等，应当在车型或"TY"之后填报，并用"/"与之相隔。汽车零部件报验状态是成套散件的，应当在"标记唛码及备注"栏内填报该成套散件装配后的最终完整品的零部件编号。

进口货物收货人以一般贸易方式申报进口属于《需要详细列名申报的汽车零部件清单》(海关总署2006年第64号公告)范围内的汽车维修件的，填报规格型号时，应当在零部件编号前加注"W"，并与零部件编号之间用"/"相隔；进口维修件的品牌与该零部件适用的整车厂牌不一致的，应当在零部件编号前加注"WF"，并与零部件编号之间用"/"相隔。其余申报要求同上条执行。

加 油 站

如何确定申报要素？

例一：查询HS编码为4805190000的商品——其他瓦楞原纸的申报要素

把图2-2中"申报要素"涉及的内容，按照实际情况完整、如实填报。

查询结果		
商品编码	4805190000	
商品名称	其他瓦楞原纸	
申报要素	1:品名;2:品牌类型;3:出口享惠情况;4:种类;5:加工程度[未涂布];6:规格[成条、成卷的宽度或成张的边长];7:每平方米克重;8:纤维种类和含量;9:签约日期;10:品牌或厂商[中文及外文名称];11:GTIN;12:CAS;13:其他[非必报要素，请根据实际情况填报];	
法定第一单位	千克	法定第二单位 无
最惠国进口税率 6%	普通进口税率 30%	暂定进口税率 0.05
消费税率 -	出口关税率 0%	出口退税率 0%
增值税率 13%	海关监管条件 无	检验检疫类别 无
商品描述	其他瓦楞原纸成卷或成张的及未经涂布	

图2-2 其他瓦楞原纸申报要素

图2-3所示为电子录入界面。

纸质报关单格式：分两行填报，第一行填报进出口货物规范的中文商品名称，第二行填

返填规则	○税号 ○GTIN ○汽车零件号 ○CAS
商品信息	4805190000-瓦楞原纸
规格型号（根据海关规定，以下要素应全部填报）。	
品牌类型	境外品牌(其它)
出口享惠情况	不适用于进口报关单
种类	瓦楞原纸
加工程度（未涂布）	未涂布
规格（成条、成卷的宽度或成张的边长）	成卷，门幅120CM-220CM
每平方米克重	100g/㎡
纤维种类和含量	再生浆100%
签约日期	20210806
品牌或厂商（中文及外文名称）	VINA KRAFT
GTIN	
CAS	
其他	
规格型号	4|3|瓦楞原纸|未涂布|成卷，门幅120CM-220CM|100g/㎡|再生浆100%|20210806|VINA KRAF （80/255字节）

确定　取消

图2-3　电子录入界面

报规格型号。在系统中分两栏录入，填报"规格型号"时，在录入"商品编号"后按回车键系统会弹出规格型号录入窗口，然后逐项输入各项申报要素的内容。

数据出处：商品的中文名称和具体的申报要素数据由进出口企业提供。

例二：国内企业从国外以原瓶进口一批"奥力"鲜葡萄酿造的酒，该批货物信息如下：

HS编码为2204210000，12% vol，无级别，未标明年份，产地法国，生产厂商：拉图庄园Charteau Latour，该批葡萄酒为混酿，包装规格：750mL/瓶，每箱6瓶。

思考：商品名称与规格型号一栏如何填写？

经查询得出除了填报品牌类型和出口享惠（进口报关单不需要填报此栏）情况外，还要填报以下申报要素：

①品名。填报中文及外文名称。葡萄酒品名一般为"×××酒庄干红/甜白"葡萄酒。

②加工方法。本案例填报"鲜葡萄酿造"。

③酒精浓度。本案例填报"12% vol"。

④级别。本案例填报"无级别"。

⑤年份。本案例填报"NV"。

⑥产区（最小子产区中文及外文名称）。本案例填报"法国France"。

⑦酒庄名。本案例填报"拉图庄园Charteau Latour"。

⑧葡萄品种（中文及外文名称）。本案例填报"混酿"。

⑨包装规格。本案例填报"75毫升×6瓶/箱"。

⑩进口方式。本案例填报"原瓶有品牌"。

⑪品牌（中文及外文名称）。本案例填报"奥力"。

"商品名称及规格型号"填报应注意的其他问题：

（1）商品名称及规格型号据实填报，并与进口货物收发货人或受委托的报关企业所提交的合同、发票等相关单证相符；

（2）商品名称应当规范，规格型号应当足够详细，也能满足海关归类、审价及许可证件管理要求为准，可参照《中华人民共和国海关进出口商品规范申报目录》中对商品名称、规格型号的要求进行填报；

（3）已备案的加工贸易及保税货物，填报内容必须与备案货物的商品名称一致。

（四）数量及单位

填报要求：填报法定计量单位及数量、成交计量单位及数量。法定计量单位以《中华人民共和国海关统计商品目录》中的计量单位为准；成交数量及单位以外贸合同、商业发票、装箱单上相应内容为准。

录入界面：如图 2 - 4 所示。

商品名称			
成交数量		成交单位	
法定数量		法定单位	
第二数量		第二单位	

图 2 - 4　录入界面

打印报关单格式：

第一行：法定第一计量单位及数量。

第二行：法定第二计量单位及数量，如无，第二行为空。

第三行：成交计量单位及数量。

法定计量单位出处：通过商品 HS 编码可查询对应的法定计量单位。

（五）单价/总价/币制

填报要求：

①单价填报同一项号下进出口货物实际成交的商品单价。无实际成交价格的，填报单位货值。若法定计量单位与合同的计量单位不同，系统在录入法定数量和总价后自动计算出单价。

②总价填报同一项号下进出口货物实际成交的商品总价格。无实际成交价格的，填报货值。

数据出处：外贸合同、商业发票等。

（六）原产国（地区）

填报要求：填报相应国家（地区）名称及代码。同一批进出口货物的原产地不同的，分别填报原产国（地区）。进出口货物原产国（地区）无法确定的，填报"国别不详"。

数据出处：原产地证，外贸合同、商业发票以及提运单上的唛头。

（七）自报自缴

填报要求：进出口企业、单位采用"自主申报、自行缴税"（自报自缴）模式向海关申报时，填报"是"；反之则填报"否"。

企业"自报自缴"：进出口企业、单位自主向海关申报报关单及随附单证、税费电子数据并自行缴纳税费，在电子口岸如实、规范填报录入报关单涉税要素及各项目数据，再根据系统显示的税费计算结果进行确认，连同报关单预录入内容一并提交海关。已在海关办理汇总征税总担保备案的进出口企业、单位可在申报时选择"汇总征税"模式。

（八）申报单位

填报要求：自理报关的，填报进出口企业的名称及编码；委托代理报关的，填报报关企业名称及编码。编码填报 18 位法人和其他组织统一社会信用代码。

报关人员填报在海关备案的姓名、编码、电话，并加盖申报单位印章。

任务4　录入报关单检务数据

知识背景

进口申报时需要录入检务项目的情形

1. 按政策规定需要办理检验检疫项目进口申报的商品范围

（1）HS 编码海关监管条件含 A 的。

（2）进口捐赠医疗器械，监管方式为"捐赠物资（3612）"，产品为医疗器械。

（3）进口成套设备，货物属性为成套设备。

（4）进口以 CFCS 为制冷剂的工业、商业用压缩机。

（5）进口危险化学品。

（6）进境货物使用木质包装或植物铺垫材料的。

（7）来自传染病疫区的进境货物。

（8）所有进口拼箱货物。

（9）所有进口旧品，货物属性为旧品的。

（10）所有进口有机认证产品。

（111）所有退运货物。

2. 企业主动申报

如果企业进口的货物并非政策规定必须申报检务项目，但是企业录入报关数据时录入了"检验检疫名称"，则表示企业主动申报检务项目。

一、报关单表头折叠的检务项目

（一）相关检验检疫机关

（1）检验检疫受理机关：填报受理报关单和随附单证的检验检疫机关。

（2）领证机关：填报领取证单的检验检疫机关。

（3）口岸检验检疫机关：填报对入境货物实施检验检疫的检验检疫机关。

（4）目的地检验检疫机关：需要在目的地检验检疫机关实施检验检疫的，在本栏目填写对应的检验检疫机关。不需要目的地机关实施检验检疫的无须填写本栏。

（二）企业资质

填报要求：按照进出口货物种类及相关要求，须在本栏目选择填报货物的生产商/进出口商/代理商必须取得的资质类别（见表2-15），分别填报"企业资质类别代码表"规定的代码和资质对应的注册/备案编号。

表2-15 货物种类及进口商资质类别

货物种类	资质类别
进口食品、食品原料类	进口食品境外出口商代理商备案、进口食品进口商备案
进口水产品	进口食品境外出口商代理商备案、进口食品进口商备案、进口水产品储存冷库备案
进口肉类	进口肉类储存冷库备案、进口食品境外出口商代理商备案、进口食品进口商备案、进口肉类收货人备案
进口化妆品	进口化妆品收货人备案
进口水果	进境水果境外果园/包装厂注册登记
进口非食用动物产品	进境非食用动物产品生产、加工、存放企业注册登记
饲料及饲料添加剂	饲料进口企业备案、进口饲料和饲料添加剂生产企业注册登记
进口可用作原料的固体废物	进口可用作原料的固体废物国内收货人注册登记、国外供货商注册登记号及名称，两者须对应准备

（三）启运日期

填报要求：填报装载入境货物的运输工具离开启运口岸的日期。

本栏目为8位数字，顺序为年（4位）月（2位）日（2位）。

（四）B/L号

填报要求：入境货物的B/L号和提运单号填写相同的内容。

当运输方式为"航空运输"时无须填写。

（五）关联号码及理由

进出口货物报关单有关联报关单时，在本栏中填报相关关联报关单号码，并在下拉菜单中选择关联报关单的关联理由。

（六）原箱运输

填报要求：申报使用集装箱运输的货物，根据是否集装箱原箱运输勾选"是"或"否"。

（七）特殊业务标识

填报要求：属于国际赛事、特殊进出口军工物资、国际援助物资、国际会议、直通放行、外交礼遇、转关等特殊业务，根据实际情况勾选。

（八）所需单证

填报要求：如果进出口企业申请出具检验检疫证单，应根据相关要求，在"所需单证"项下的"检验检疫签证申报要素"中，勾选申请出具的检验检疫证单类型（申请多项的可多选），确认申请单证正本数和申请单证副本数后保存数据。

（九）使用人

填报要求：如果需要填写使用人的信息，则点击"使用人"按钮，在弹出的编辑窗口填报"使用单位联系人""使用单位联系电话"。

二、报关单表体折叠的检务项目

（一）检验检疫名称

填报要求：如果申报的货物涉及检验检疫，在输入商品的 HS 编码后还必须填报检验检疫名称。

（二）用途

填报要求：根据进境货物的使用范围或目的，按照海关规定的"用途代码表"在本栏下拉菜单中填报。

（三）货物属性

填报要求：根据进出口货物的 HS 编码和货物的实际情况，按照海关规定的"货物属性代码表"，在系统弹出窗口中勾选货物属性的对应代码。

（四）检验检疫货物规格

填报要求：在"检验检疫货物规格"项下，填报"成分/原料/组分""产品有效期""产品保质期""境外生产企业""货物规格""货物型号""货物品牌""货物品牌""生产日期""生产批次"等栏目。

注意：

（1）品牌以合同或装箱单为准，需要录入中英文品牌的，录入方式为"中文品牌/英文品牌"。

（2）境外生产企业名称默认为境外发货人。

（3）特殊物品、化妆品、其他检疫物等所含的关注成分或者其他检疫物的具体成分、食品农产品的原料等，在"成分/原料/组分"栏填报。

（五）原产国（地区）

填报要求：入境货物按"世界各国和地区名称及一级行政区划代码表"填写在原产国（地区）内的生产区域。

（六）产品资质

填报要求：进出口货物取得许可、审批或备案等资质后，应在"产品资质"项下的"产品许可，审批/备案号码"中填报对应的许可、审批或备案证件编号。

（七）危险货物信息

填报要求：进出口货物为危险货物的，须填报"危险货物"。

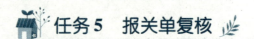

任务5　报关单复核

报关单复核"三步走"：

第一步：单单一致，确保准确性。

在实际工作中，将填写好的报关单草单与原始的报关材料核对，做到"单单相符""单证相符""单货相符"，即所填报关单各栏目必须与商业发票、装箱单、批准文件和随附单据相符，且必须与进出口货物实际情况相符。

第二步：如实、规范填报。

报关人员必须按照《中华人民共和国海关法》《中华人民共和国海关进出口货物申报管理规定》和《中华人民共和国海关进出口货物报关单填制规范》的有关规定，向海关如实申报，不得伪报、瞒报、虚报和迟报。

第三步：确保逻辑匹配。

重点复核报关单各栏目之间是否逻辑匹配，海关电子审单时会对逻辑不匹配的报关单进行退单。如报关单的监管方式、征免性质、征免、备案号等栏目存在一定的逻辑关系，对于一般情况下的进出口贸易报关，其"监管方式"栏填写"一般贸易"、征免性质栏填写"一般征税"、备案号栏填写"空"，征免栏填写"照章征税"。当然也存在例外，在外资企业出口货物的情况下，"监管方式"栏填写"一般贸易"，征免性质栏则填写"外资企业"。

任务6　报关单修撤

海关接受进出口货物申报后，报关单证及其内容不得修改或撤销；符合规定情形的，可以修改或撤销。进出口货物报关单的修改或撤销遵循修改优先原则；确定不能修改的，予以撤销。

一、当事人提出报关单修撤的情况

有以下情形之一的，当事人可以向原接受申报的海关办理进出口货物报关单修改或者撤销手续

（1）出口货物放行后，由于装运、配载等因素造成原申报货物部分或者全部退关、变更运输工具的；

（2）进出口货物在装载、运输、存储过程中发生溢短装，或者由于不可抗力造成灭失、短损等，原申报数据与实际货物不符的；

（3）由于办理退补税、海关事务担保等其他海关手续而需要修改或者撤销报关单数据的；

（4）根据贸易惯例先行采用暂时价格成交，实际结算时按商检品质认定或者采用国际市场实际价格的付款方式，需要修改申报内容的；

（5）已申报进口货物办理直接退运手续，需要修改或者撤销原进口货物报关单的；

（6）因计算机、网络系统等技术原因导致电子数据申报错误的。

二、海关要求当事人修撤报关单的情况

1. 海关发现当事人申报有误需要修改或撤销时，会采取方式主动要求当事人修改或撤销报关单。如果当事人没有按照规定办理相关手续，海关可直接撤销相应的电子数据

2. 除不可抗力外，当事人有以下情形之一的，海关可以直接撤销相应的电子数据报

关单：

(1) 海关将电子数据报关单退回修改，当事人未在规定期限内重新发送的；

(2) 海关审结电子数据报关单后，当事人未在规定期限内递交纸质报关单的；

(3) 出口货物申报后未在规定期限内运抵海关监管场所的；

(4) 海关总署规定的其他情形。

三、修撤申请及注意事项

进出口货物报关单修改/撤销申请表如表 2 – 16 所示。

表 2 – 16　进出口货物报关单修改/撤销申请表

编号：　　　　××海关〔××××年〕××××号

报关单编号		报关单类别	进口　出口
经营单位名称		申请事项	修改　撤销
报关单位名称			
修改/撤销内容			
报关单数据项（进口/出口）		原填报内容	应当填报内容
需按审查程序办理的目	商品编号		
	商品名称及规格型号		
	币制		
	单价		
	总价		
	原产国（地区）/最终目的国（地区）		
	贸易方式（监管方式）		
	成交方式		
其他项目			

修改或者撤销原因：

兹声明以上申请理由和申请内容无讹，随附证明资料真实有效，如有虚假，愿承担法律责任。

申请人签字：　　　　申请日期：　　　　申请单位（公章）：

海关批注：

经审查，上述申请符合/不符合《中华人民共和国海关进出口货物报关单修改和撤销管理办法》第　条第　款的规定，我关同意/不同意修改/撤销。

海关印章：　　　　　　　　　　　　　　　　年　月　日

（1）海关已经决定布控、查验涉嫌走私或者违反海关监管规定的进出口货物，在办结相关手续前不得修改或者撤销报关单及其电子数据。

（2）已签发报关单证明联的进出口货物，当事人办理报关单修改或者撤销手续时应当向海关交回报关单证明联。

（3）由于修改或者撤销进出口货物报关单导致需要变更、补办进出口许可证件的，当事人应当向海关提交相应的进出口许可证件。

項目三

进出口税费核算

(1) 理解进出口税费的含义和种类;

(2) 掌握进出口货物完税价格的确定方法;

(3) 理解进出口货物原产地的确定标准和申报要求。

(1) 能计算进出口货物的完税价格;

(2) 能根据资料确定适用的税率;

(3) 能计算各类税费。

通过学习,树立依法缴税的意识。

国内某公司从法国购进瓶装葡萄酒一批。相关单据显示,该公司支付运输及相关费用合计 2 000 欧元,其中,法国酒庄运至出口地港口境外运输费用 1 100 欧元、海运费 600 欧元、我国境内港口发生拖箱等费用 100 欧元、我国境内港口运至该公司费用 200 欧元。如何计算相应税费?

任务1 认识进出口税费

一、进出口税费

税收又称赋税、租税或捐税,简称税,是指国家凭借其行政权力,运用法律手段向社会组织和个人无偿、强制征收实物或货币的行为及其有关的一切活动。海关税收是指海关代表国家对进出境货物、物品、运输工具所征的税,主要包括关税、进口环节代征增值税、进口环节代征消费税、船舶吨税等。

（一）关税

关税是国家税收的重要组成部分，是由海关代表国家，按照国家制定的关税政策和公布实施的税法及进出口税则，对准许进出关境的货物、物品、运输工具向纳税业务人征收的一种流转税，包括进口关税和出口关税。进口关税设置最惠国税率、协定税率、特惠税率、普通税率、关税配额税率、暂定税率等税率；出口关税设置出口税率、暂定税率。

根据中国加入世界贸易组织时承诺的关税减让义务，2018 年 11 月以来，我国将进口关税总水平降至 7.5%，低于 10%。

（二）进口环节代征税

进口货物、物品办理海关放行手续后，进入国内流通领域，与国内货物同等对待，应征国内税，目前海关代征的进口环节税主要有增值税和消费税两种。

1. 增值税

增值税是以商品的生产、流通和劳务服务各环节所创造的新增价值为课税对象的一种流转税。增值税征收采用从价计征方式，以组成价格作为计税价格（关税完税价格 + 关税），涉及消费税的货物的增值税组成价格应加上消费税税额。增值税起征点为人民币 50 元。

增值税税率采取基本税率再加一档低税率的模式，一般情况下适用基本税率 17%，特殊情况下适用低税率 13%。（以下情况使用 13% 低税率：粮食、食用植物油；自来水、暖气、冷气、热水、煤气、石油液化气、天然气、沼气、居民用煤炭制品；图书、报纸、杂志；饲料、化肥、农药、农机、农膜以及国务院规定的其他货物。）

增值税计算公式：

$$应纳税款 = 增值税组成计税价格 \times 增值税税率$$

其中：增值税组成计税价格 = 关税完税价格 + 关税税额 + 消费税税额

2. 消费税

消费税是以消费品或消费行为的流转额作为课税对象而征收的一种流转税。征收消费税的目的在于调节我国的消费结构，引导消费方向，确保国家财政收入。消费税征收的起征点是人民币 50 元，消费税征收采用从价、从量、复合三种计征方式。

征收范围限于少数消费品，包括以下情况：①过度消费会对人的身体健康、社会秩序、生态环境等方面造成危害的特殊消费品，如烟、酒、酒精、鞭炮、焰火、电池、涂料等；②奢侈品、非生活必需品，如贵重首饰及珠宝玉石、化妆品等；③高能耗的高档消费品，如小汽车、气缸容量 250 毫升以上的摩托车等；④不可再生和替代的资源类消费品，如汽油、柴油等。

消费税从价定率方式计算：

$$消费税应纳税额 = 消费税组成计税价格 \times 消费税比例税率$$

其中：消费税组成计税价格 =（关税完税价格 + 关税税额）×（1 - 消费税比例税率）

消费税从量定额方式计算（我国对啤酒、黄酒、成品油、生物柴油等进口商品实行从量计征方式）：

$$消费税应纳税额 = 应征消费税进口数量 \times 消费税定额税率$$

消费税复合计税方式计算：

$$消费税应纳税额 = 消费税组成计税价格 \times 消费税比例税率 +$$

$$应征消费税进口数量 \times 消费税定额税率$$

其中：消费税组成计税价格 $=$（关税完税价格 $+$ 关税税额 $+$ 应征消费税进口数量 $\times$ 消费税定额税率）$/$（$1-$ 消费税税率）

（三）滞报金

滞报金是由于进口货物收货人或其代理人超过法定期限向海关申报，由海关按规定征收的海关监管费，是海关税收管理中的行政强制措施。

滞报金的征收以人民币"元"为计征单位，不足 1 元部分免于计征，起征点为人民币 50 元。根据海关规定，因不可抗力等特殊情况产生的滞报可以向海关申请减免滞报金。

滞报天数以自装载该批货物的运输工具申报进境之日起第 15 日为起始日，以海关接受申报之日为截止日，即进口货物申报期限结束后，滞报金按日计征。起始日和截止日均计入滞报期限。滞报金的计征起始日如遇休息日或法定节假日，则顺延至其后的第一个工作日。

滞报金的计算公式：

$$滞报金 = 进口货物完税价格 \times 0.5‰ \times 滞报天数$$

（四）税款滞纳金

按照规定，关税、进口环节消费税、进口环节增值税、船舶吨税的纳税人或其代理人，应当自海关填写罚税款缴款书之日起 15 天内向指定银行缴纳进口税款，逾期缴纳的海关依法在原应纳税款的基础上，按日征收 $0.5‰$ 的滞纳金，滞纳金起征点为 50 元，不足 50 元的免于征收。

税款缴纳期限的最后一天是星期六、星期日或法定节假日的，税款缴纳期限顺延至周末或法定节假日之后的第一个工作日。

税款滞纳金的计算公式：

$$关税滞纳金金额 = 滞纳的关税税额 \times 0.5‰ \times 滞纳天数$$
$$进口环节税滞纳金金额 = 滞纳的进口环节税税额 \times 0.5‰ \times 滞纳天数$$

二、进出境物品行邮税

海关对进出境物品监管适用"自用合理数量"原则，对超出部分则征收行邮税，行邮税包括行李和邮递物品进口税，是海关对入境旅客的行李物品和个人邮递物品征收的进口税。

（一）行李物品的免税与征税

按照现行规定，进境居民旅客携带在境外获取的个人自用物品，总值在 5 000 元人民以内（含 5 000 元）的，海关予以免税放行。

超出 5 000 元人民币的个人自用进境物品，经海关审核合确属自用的，海关仅对超出部分的个人自用进境物品征税，但对不可分割的单件物品全额征税；携带多类商品，海关会根据《旅客进出境行李物品分类表》及现场查验情况做出征税意见。

（二）邮递物品的免税与征税

个人邮寄进境物品，应征税额在人民币 50 元（含 50 元）以下的，海关予以免征。

个人寄自或寄往中国港、澳、台地区的物品，每次限值 800 元人民币，寄自或寄往其他国家或地区的物品，每次限值 1 000 元人民币，征收行邮税。超出上述限额的，应办理退运或者按照一般进出口贸易通关手续办理。

行邮税的计征方法：从价税。

行邮税完税价格：参照完税价格表。

应征关税税额的计算方法：

$$应缴关税税额 = 该商品的完税价格 \times 该物品对应的税率$$

三、跨境电商综合税

自 2016 年 4 月起，我国实施跨境电子商务零售进口税收政策，适用于从其他国家或地区进口的《跨境电子商务零售进口商品清单》范围的商品。

跨境电商零售进口商品以实际交易价格（包括商品零售价格、运费和保费）作为完税价格，征收关税和进口环节增值税、消费税。纳税义务人为跨境电商零售进口商品消费者，电商平台、物流企业或申报企业作为税款的代收代缴义务人，代为履行纳税义务。代收代缴义务人应当如实、准确地向海关申报跨境电子商务零售进口商品的商品名称、规格型号、税则号列、实际交易价格及相关费用等税收征管要素。

在规定限制以内的跨境电子商务零售进口商品，计算公式如下：

$$完税价格 = 购买单价 \times 件数$$
$$跨境电商综合税税额 = 完税价格 \times 跨境电商综合税税率$$
$$跨境电商综合税税率 = [(消费税率 + 增值税率)/(1 - 消费税率)] \times 0.7$$

任务 2　审定完税价格

一、完税价格的含义

完税价格是海关对进出口货物征收从价税时审查估定的应税价格，是凭以计征进出口货物关税及进口环节税税款的基础。审定进出口货物完税价格是落实关税政策的重要环节，是海关依法行政的重要体现。

海关审价的法律依据：《中华人民共和国海关法》《中华人民共和国进出口关税条例》《中华人民共和国海关审定进出口货物完税价格办法》《海关进出口货物征税管理办法》。

二、一般进口货物完税价格的审定

一般进口货物有六种估价方法：进口货物成交价格法；相同货物成交价格法；类似货物成交价格法；倒扣价格法；计算价格法；合理办法。

以上六种方法以进口货物成交价格法为优先，且在不能使用前一种估价方法的情况下，才可以顺延使用其他估价办法，也就是依次使用。如果进口货物收货人提出要求并提供相关资料，经海关同意，可以调整倒扣价格法和基于成本的价格计算法的适用顺序。

（一）进口货物成交价格法

成交价格法的含义：

进口货物完税价格由海关以该货物的成交价格为基础审查确定，并且包括货物运抵我国境内起卸前的运输及相关费用、保险费等。

　　成交价格是指卖方向中华人民共和国境内销售该货物时买方为进口该货物向卖方实付、应付的，并按有关规定调整后的价款总额，包括直接支付的价款和间接支付的价款。①"实付和应付"是指必须由买方支付，且包括已经支付和将要支付的总和，以此获得进口货物；②"按有关规定调整后的"指的是未包含在成交价格里应计入或剔除的费用，如表2-17所示。

表 2-17　进口货物完税价格的调整

调整因素	调整内容
应计入的因素	除购货佣金外的佣金和经纪费
	与进口货物视为一体而又未纳入价格的容器费用、包装材料和包装劳务费用
	买方以免费或低于成本价的方式向卖方提供的货物或服务，即协助价值
	未作为货物价格一部分的特许权使用费，如商标使用费、专有技术使用费
	返回给卖方的转售收益等
应剔除的因素	厂房、机械或者设备等货物进口后发生的建设、安装、装配、维修或技术援助费用，但是保修费用除外
	货物运抵境内输入地点起卸后发生的运输及其相关费用、保险费用
	进口关税、进口环节税及其他国内税
	为在境内复制进口货物而支付的费用；境内外技术培训境外考察费用

拓展

　　上海某进口商从英国购入一批机器设备，海关接受申报时，从单据中获得以下价格信息：
　　(1) FOB利物浦800万美元；
　　(2) 进口商支付给买方代理人的佣金6万美元；
　　(3) 进口商支付给卖方代理人的佣金7万美元；
　　(4) 从英国到上海的运费25万美元、保险费18万美元；
　　(5) 上海进口商免费提供给生产商的零部件（价值5万美元）。
　　请判断以上哪些费用应计入完税价格中。

（二）相同及类似货物成交价格法

　　相同及类似进口货物成交价格法，即以与被估货物同时或大约同时向中华人民共和国境内销售的相同货物及类似货物的成交价格为基础，审查确定进口货物完税价格的方法。
　　"相同货物"是指与进口货物在同一国家或地区生产的，在物理性质、质量和信誉等所有方面都相同的货物，但是表面的微小差异允许存在。"类似货物"是指与进口货物在同一国家或地区生产的，虽然不是在所有方面都相同，但是具有相似的特征、相似的组成材料、相同的功能，并且在商业中可以互换的货物。需要注意的是，相同或类似货物的时间要求是必须与进口货物同时或大约同时进口，即在海关接受申报之日的前后各45天内。

使用相同及类似货物成交价格法应注意：

（1）优先采用处于相同商业水平、大致相同数量的相同或类似货物的成交价格；当上述条件不满足时，采用不同商业水平或不同数量销售的相同或类似进口货物的价格，但应进行价格差异调整。

（2）考虑运输距离和运输方式的成本差异进行调整。

（3）优先使用同一生产商生产的相同或类似货物成交价格，没有同一生产商的情况下才可使用同一生产国不同生产商生产的相同或类似货物的成交价格，且以最低成交价格作为估价基础。

（三）倒扣价格法

倒扣价格法是以进口货物相同或类似进口货物在境内第一次转售（转售与境内买方之间无特殊关系）的销售价格为基础，扣除境内发生的有关费用估定完税价格的方法。

使用倒扣价格法应符合以下条件：

（1）在被估货物进口时或大约同时，将该货物、相同或类似进口货物在境内销售的价格；

（2）按照该货物进口时的状态销售的价格；

（3）在境内第一环节销售的价格；

（4）向境内无特殊关系方销售的价格；

（5）按照该价格销售的货物合计销售总量最大。

（四）基于成本的价格计算法

基于成本的价格计算法既不是以成交价格也不是以在境内的转售价格为基础，而是以发生在生产国或地区的生产成本作为基础的价格。

按有关规定采用该方法时，进口货物的完税价格由下列各项目的总和构成：

（1）生产该货物所适用的料件成本和加工费用。料件成本指生产被估货物的原料成本，包括原材料的采购价值以及原材料投入实际生产之前发生的各类费用，加工费用是指将原材料加工为制成品过程中发生的生产费用，包括人工成本、装配费用及间接成本。

（2）向境内销售同等级或同种类货物的利润和一般费用。

（3）货物运抵中华人民共和国境内输入地点起卸前的运输及其相关费用、保险费。

（五）合理估价法

合理估价法是指当海关不能根据成交价格估价法、相同货物成交价格估价法、类似货物成交价格估价法、倒扣价格估价法和基于成本的价格计算法确定完税价格时，根据公平、统一、客观的估价原则，以客观量化的数据资料为基础审查确定进口货物完税价格的估价方法。

在运用合理估价方法估价时，禁止使用以下六种价格：

（1）境内生产的货物在境内的销售价格；

（2）在两种价格中较高的价格；

（3）货物在出口地市场的销售价格；

（4）以计算价格法规定之外的价值或费用计算单价相同或类似的货物的价格；

（5）出口到第三国或地区的货物的销售价格；

（6）最低限价或武断、虚构的价格。

三、特殊进出口货物完税价格审定

（一）出境修理复运进境货物的估价方法

运往境外修理的机械器具、运输工具或其他货物，出境时已向海关报明，并在海关规定的期限内复运进境的，海关以境外修理费和料件费审查确定完税价格。出境修理货物复运进境超过海关规定期限的，由海关按照审定一般进口货物完税价格的规定审查确定完税价格。

（二）出境加工复运进境货物的估价办法

运往境外加工的货物，出境时已向海关报明，并在海关规定期限内复运进境的，海关以境外加工费和料件费，以及该货物复运进境的运输及相关费用、保险费审查确定完税价格。

出境加工货物复运进境超过海关规定期限的，由海关按照审定一般进口货物完税价格的规定审查确定完税价格。

（三）暂时进境货物的估价方法

经海关批准的暂时进境货物，应当缴纳税款的，由海关按照规定审查确定完税价格。经海关批准留购的暂时进境货物，以海关审查确定的留购价格为完税价格。

（四）租赁进口货物的估价方法

（1）以租金方式对外支付的租赁货物，在租赁期间以海关审定的货物租金作为完税价格，利息予以计入。

（2）留购的租赁货物以海关审定的留购价格作为完税价格。

（3）纳税义务人申请一次性缴纳税款的，可以选择申请按照规定的估价方法确定完税价格，或按照海关审查确定的租金总额作为完税价格。

（五）减免税货物的估价方法

特定减免税货物在监管年限内不能擅自出售、转让、移作他用，如果有特殊情况，经过海关批准可以出售、转让的，须向海关办理纳税手续。对减税或免税进口货物需予以征税时，海关以审定的货物原进口时的价格，扣除折旧部分价值作为完税价格。

（六）无成交价格货物的估价方法

易货贸易、寄售、捐赠、赠送等不存在成交价格的进口货物，海关与纳税义务人进行价格磋商后，按照相同货物成交价格估价法、类似货物成交价格估价法、倒扣价格估价法、基于成本的价格计算法或合理估价审查确定完税价格。

（七）软件介质的估价方法

进口载有专供数据处理设备用软件的介质，具有下列情形之一的，以介质本身的价值或成本为基础审查确定完税价格。

四、出口货物完税价格的审定

货物的完税价格由海关以该货物的成交价格为基础审定，包括出口货物运至中华人民共和国境内输出地点装载前的运输及其相关费用用、保险费。但是出口关税、运至中华人民共和国境内输出地点装载后的运费及其相关费用、保险费以及卖方承担的佣金等不列入内。

五、跨境电商税完税价格的审定

跨境电商零售进口商品。跨境电子商务零售进口商品按照实际交易价格作为货物完税价格，实际交易价格包括货物零售价格、运费和保险费。

六、行邮税完税价格的审定

（1）根据"入境旅客行李物品和个人邮递物品完税价格表"已明确的相关物品的完税价格，计算行邮税；

（2）"入境旅客行李物品和个人行邮物品完税价格表"中所列物品完税价格与该物品实际价格相差悬殊达到3倍（或1/3）及以上程度的，由个人提供正规发票，经海关认定后，依据另行确定价格原则（一般将按香港市场价格）或该物品实际价格作为完税价格。

任务3 确定原产地和适用税率

一、货物的"国籍"与原产地规则

原产地是指货物生产的国家（地区），就是货物的"国籍"。原产地的不同决定了进出口商品所享受的待遇不同。

为了适应国际贸易的需要，并为执行本国关税及非关税方面的国别歧视性贸易措施，必须对进出口商品的原产地进行认定。为此，各国以本国立法形式制定出其鉴别货物"国籍"的标准，就是原产地规则。原产地规则分为优惠原产地规则、非优惠原产地规则两种。

（一）优惠原产地规则

优惠原产地规则是指一国（或地区）为了实施国别优惠政策而制定的法律、法规，通常以优惠贸易协定为基础，通过双边、多边协定或本国自主形式制定的原产地认定标准。优惠原产地规则具有很强的排他性。优惠原产地规则通过自主授予和互惠授予方式实施：如欧盟普惠制（GSP）、中国对最不发达国家的特别优惠关税待遇等为自主方式授予；《北美自由贸易协定》、"中国—东盟自由贸易协定"等则是协定以互惠性方式授予。

（二）非优惠原产地规则

非优惠原产地规则也称为自主原产地规则，是指一国（地区）根据实施其海关税则和其他贸易措施的需要，由本国立法自主制定的原产地认定标准。按照世界贸易组织的规定，适用于非优惠性贸易政策措施的原产地规则，其实施必须遵守最惠国待遇原则，即必须普遍地、无差别地适用于所有原产地为最惠国的进口货物，包括实施最惠国待遇、反倾销和反补贴、保障措施、数量限制或关税配额、原产地标记或贸易统计、政府采购时所采用的原产地规则。

原产地认定标准

（1）完全获得标准：完全在一个国家（地区）获得的货物，以该国（地区）为原产地；两个以上国家（地区）参与生产的货物，以最后完成实质性改变的国家（地区）为原产地。

（2）实质性改变标准：货物原产地发生实质性改变的认定以税则改变为基本标准；当税则归类改变不能反映实质性改变时，以从价百分比、制造或者加工工序等为补充标准。

二、税率适用

（一）进口关税税率与适用

根据中国加入世界贸易组织时承诺的关税减让义务，2018 年 11 月以来，我国将进口关税总水平降至 7.5%，低于 10%。进口关税税率设置分为从价进口关税税率、从量进口关税税率、复合进口关税税率。

从价进口关税税率与适用：现行从价进口关税税则体系分设最惠国税率、协定税率、特惠税率、关税配额税率、普通税率等正税税率，在正常最惠国税率及关税配额等税率基础上，还可实施暂定进口关税。除上述关税征税税率设置外，根据形势变化设置反倾销税、反补贴税、保障措施关税、报复性关税等附加关税税率。

2021 年部分进口商品税率调整

进口关税正税种类

（1）最惠国税率。原产于共同适用最惠国待遇条款的世界贸易组织成员的进口货物，原产于与中华人民共和国签订含有相互给予最惠国待遇条款的双边贸易协定的国家或地区的进口货物以及原产于中华人民共和国境内的进口货物，适用最惠国税率。

（2）协定税率。原产于与中华人民共和国签订含有关税特惠条款的贸易协定的国家或者地区的进口货物，适用协定税率。自 2020 年 1 月起，我国与新西兰、秘鲁、哥斯达黎加、瑞士、冰岛、新加坡、澳大利亚、韩国、智利、格鲁吉亚及巴基斯坦的双边贸易协定以及《亚太贸易协定》国家的税率进一步降低。

（3）特惠税率。原产于与我国签订含有特殊关税优惠条款的贸易协定的国家或地区的进口货物，或原产于我国自主给予特别优惠关税待遇的国家或者地区的进口货物，适用最惠税率。

（4）关税配额税率。部分商品实施关税配额管理，关税配额内的，适用关税配额税率。

（5）暂定税率。在最惠国税率、协定税率、特惠税率和关税配额率基础上，国家在一定时期内可对进口的某些重要工农业生产原材料和机电产品关键部件制定暂时的关税税率。

（6）普通税率。上述之外的国家或地区的进口货物及原产地不明的进口货物，使用普通税率。

（1）进口关税税率适用：实施"从低适用"原则，同时按照《中华人民共和国关税条例》规定，进出口货物应当适用海关接受该货物申报进口或者出口之日实施的税率，即海关接受申报的日期。

（2）从量进口关税税率与适用：目前对冻整鸡及鸡产品、啤酒、石油原油、胶片等进口商品征收从量税。

（3）复合进口关税税率与适用：对进口价格高于 2 000 美元的磁带录像机、磁带放像机，对进口价格高于 5 000 美元的非特种用途电视摄像机、非特种用途数字照相机、非特种用途摄录一体机等进口商品设置了复合计征关税方式。

（二）出口关税税率与适用

我国海关对出口货物均以从价方式计征出口关税，国家对少数出口货物征收出口关税，在正常的出口关税税率基础上，对其中部分出口货物施行了暂定出口关税税率。

自 2020 年 1 月 1 日起继续对铬、铁等 107 项商品征收出口关税，适用出口税率或出口暂定税率，征收商品范围和税率维持不变。

任务4　税费计算

一、计算进口关税

（一）进口关税的计征方法

进口关税计征方法包括：从价税、从量税、复合税和滑准税。

（1）从价税：以货物、物品的价格为计税标准，是关税的主要计征方法。

$$应征税额 = 进口货物完税价格 \times 关税税率$$

（2）从量税：以货物、物品的计量单位为计税标准，适用于特定商品，如冻鸡、石油原油、啤酒、胶卷等。

$$应征税额 = 进口货物数量 \times 单位税额$$

（3）复合税：同时适用从价税、从量税的标准计税，适用特定商品，如进口价格高于 2 000 美元的磁带录像机、磁带放像机，进口价格高于 5 000 美元的非特种用途电视摄像机、非特种用途数字照相机、非特种用途摄录一体机等进口商品。

$$应征税额 = 进口货物完税价格 \times 关税税率 + 进口货物数量 \times 单位税额$$

（4）滑准税：以商品的价格分档设置税率，并按照价格变动增减税率。适用关税配额外进口棉花。

棉花滑准税税率：

①进口完税价格≥15 元/千克，按照 0.57 元/千克计征从量税；

②进口完税价格<15 元/千克，按照 $Ri = 9.337/Pi + 2.77\% \times Pi - 1$ 计征从量税，其中，Pi 为进口货物完税价格，单位为元/千克。

（二）计算从价税关税

$$从价税应征关税税款 = 进口货物完税价格 \times 进口从价税税率$$

步骤 1：按照归类原则确定税则归类；

步骤 2：根据原产地规则和税率适用规定，确定应税货物所适用的税率；

步骤 3：根据审定完税价格的有关规定，确定 CIF 价格；

步骤 4：根据汇率适用规定，将以外币计价的 CIF 价格折算成人民币（完税价格）；

步骤 5：根据公式计算应征税款。

海关按照货物适用税率之日所适用的计征汇率，即上个月第三个星期三中国人民银行公布的外币对人民币的基准汇率，如遇法定节假日，则顺延采用第四个星期三的基准汇率。

计算实操：

例 1：国内某公司购进一批机器，成交价为 FOB 纽约 20 000 美元/台，实际支付运保费 5 000 美元，适用的中国银行外汇折算汇率为 1 美元 = 6.1 元人民币，原产国为日本，已知进口关税普通税率 16%，最惠国税率为 10%，请计算该批货物的应征进口关税税额。

答：完税价格 = 20 000 + 5 000 = 25 000（美元）

外币折算成人民币：25 000 美元 × 6.1 = 152 500 元

应征进口关税税额 = 进口货物完税价格 × 进口从价税税率 = 152 500 × 10% = 15 250（元）

例 2：国内某公司从日本购进日本企业生产的电视摄像机 50 台，成交价格为 CIF Qingdao 1 000 美元/台，适用的中国银行的外汇折算汇率为 1 美元 = 6 元人民币，计算应征进口关税税额。

答：根据所学知识，该商品适用复合税征税方法，应征进口关税税额 = 进口货物完税价格 + 关税税率 + 进口货物数量 × 单位税额。

CIF 进口完税价格低于 5 000 美元的，适用单一从价税税率 35%，价格在 5 000 亿美元以上的，关税税率为 12 960 元从量税再加 3% 的从价税。

进口货物的完税价格低于 5 000 美元/台的，关税税率为单一从价税税率 35%。

因此，进口货物完税价格 = 1 000 美元 × 50 × 6 = 300 000 元

应征税额 = 300 000 × 35% = 105 000（元）

二、计算进口增值税

计算实操：

例 3：某公司进口货物，成交价格总价为 CIF 境内某口岸 150 672 美元。适用的汇率为 1 美元 = 6.356 8 元人民币，该商品适用的进口关税税率为 5%，增值税税率为 16%，消费税税率为 0，计算该公司应纳增值税税款。

答：增值税组成计税价格 = 进口完税价格 + 关税税额 + 消费税税额

进口完税价格 = 150 672 × 6.356 8 = 957 791.77（元）

进口关税税额 = 进口完税价格 × 进口从价税税率 = 957 791.77 × 5% = 47 889.59（元）

增值税组成计税价格 = 957 791.77 + 47 889.59 = 1 005 681.36（元）

增值税应纳税款 = 1 005 681.36 × 16% = 160 909.0176（元）

三、计算进口消费税

计算实操：

例4：某公司进口一批货物，成交价格总价为 CIF 境内某口岸 150 672 美元。适用的汇率为 1 美元 = 6.356 8 元人民币，该商品适用的进口关税税率为 5%，消费税税率为 10%，试计算该公司应纳增值税税款。

答：进口完税价格 = 150 672 × 6.356 8 = 957 791.77（元）

进口关税税额 = 进口完税价格 × 进口从价税税率 = 957 791.77 × 5% = 47 889.59（元）

消费税组成计税价格 =（完税价格 + 关税税额）/（1 − 消费税税率）

　　　　　　　　　 =（957 791.77 + 47 889.59）/（1 − 10%）= 1 117 423.73（元）

消费税应纳税额 = 组成计税价格 × 消费税税率 = 1 117 423.73 × 10% = 11 742.37（元）

四、滞报金计算

计算实操：见第三篇"一般进出口货物报关"。

五、滞纳金计算

计算实操：

例5：某公司进口一批货物，成交价格总价为 CIF 境内某口岸 15 000 美元。适用的汇率为 1 美元 = 6.5 元人民币，滞纳 5 天，该商品适用的进口关税税率为 5%，增值税税率为 16%，消费税税率为 10%，试计算该公司应纳滞纳金税款。

答：税款滞纳金的计算公式：

完税价格 = 15 000 × 6.5 = 97 500（元）

关税税额 = 完税价格 × 进口关税税率 = 15 000 × 6.5 × 5% = 4 875（元）

消费税税额 = ［（进口货物完税价格 + 关税税额）/（1 − 消费税税率）］× 消费税税率 = ［（97 500 + 4 875）/（1 − 10%）］× 10% = 10 291.67（元）

增值税税额 =（关税税额 + 完税价格 + 消费税税额）× 增值税税率 =（4 875 + 97 500 + 10 291.67）× 16% = 18 026.67（元）

进口环节税滞纳金金额 = 滞纳的进口环节税税额 × 0.05% × 滞纳天数 =（4 875 + 10 291.67 + 18 026.67）× 0.000 5 × 5 = 82.98（元）

任务5　行邮税计算

计算实操：

例6：国内消费者从国外购买 3 罐奶粉，以邮递方式进境，应缴纳多少行邮税？奶粉完税价格 200 元，行邮税税率 15%。

答：行邮税 = 完税价格 × 税率 = 3 × 200 × 15% = 90（元）

任务6　跨境电商综合税计算

计算实操:

例7：国内消费者从跨境电商平台购买3罐奶粉，每罐交易价格为200元，该奶粉HS编码04022900，奶粉跨境电商综合税税率11.9%，计算奶粉应缴纳的进口税。

答：完税价格 = 购买单价 × 件数 = 200 × 3 = 600（元）

进口税 = 完税价格 × 跨境电商综合税税率 = 600 × 11.9% = 71.4（元）

# 第三篇　报关业务操作

知识目标：

(1) 熟悉各类货物的含义、海关监管特点；
(2) 熟悉全国海关通关一体化改革后进出境通关的作业机制与作业模式。

技能目标：

(1) 识别报关事项所适用的海关通关制度；
(2) 制定各类货物通关方案；
(3) 能开展接单、理单等工作环节；
(4) 能正确进行报关单电子数据预录入、复核、发送及申报结果查询；
(5) 能进行配合现场验估、配合查验工作；
(6) 能根据企业实际情况选择适合的税款缴纳方式；
(7) 能处理不同阶段删改单或撤销的作业实施；
(8) 能正确担保销案的作业实施。

素质目标：

(1) 培养学生具备诚信通关的职业素养；
(2) 培养学生具备良好的沟通协调职业能力；
(3) 培养学生依法办事的职业素养。

一般进出口货物报关

知识目标

（1）熟悉一般进出口货物的监管特点；

（2）熟悉一般进出口货物的报关要点。

技能目标

（1）熟练制定一般进出口货物通关方案；

（2）能正确进行一般进出口货物报关单电子数据预录入与复核；

（3）能进行配合现场验估、配合查验工作；

（4）能处理删改单或撤销事项；

（5）能获取报关单证明联、货物进口证明书等。

素质目标

（1）培养学生依法通关的职业素养；

（2）培养学生具备良好的沟通协调职业能力。

 通关流程导读

一般进出口货物报关服务作业流程如图 3-1 所示。

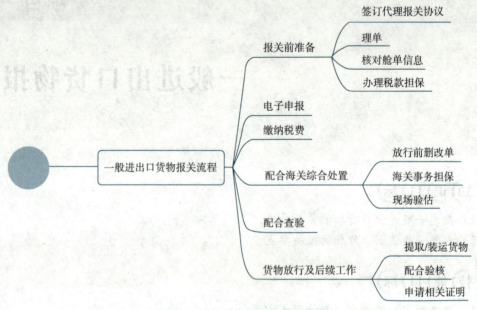

图 3-1 一般进出口货物报关流程

 项目导读

国内企业 A 从国外进口一批合金铝锭（Aluminium Ingot）（HS 编码：7601200090），A 公司与国内报关行签订代理报关协议，并将合同、装箱单、商业发票提交给该报关行。该票业务为提前报关模式，如果你是报关员，应如何办理报关？

A 公司提交的相关单据

任务1 认识一般进出口货物通关

一、一般进出口货物

一般进出口货物是指在进出境环节缴纳了应征的进出口税费并办结了所有必要的海关手续，海关放行后不再进行监管，可以直接进入生产和消费领域的进出口货物，是按照海关监管方式划分的货物类型。

二、一般进出口货物通关特点

（1）在进出境环节要缴纳进出口税费。一般进出口货物的收发货人应当按照《中华人民共和国海关法》和其他有关法律、行政法规的规定，在货物进出境时向海关缴纳应当缴纳的税费。

（2）进出口时要提交相关的许可证件。货物进出口时受国家法律、行政法规管制，需要申领进出口许可证件的，进出口货物收发货人或其代理人应当向海关提交相关的进出口许可证件。

（3）海关放行即结关。意味着海关手续已经全部办结，海关不再监管，可以进入生产和消费领域流通。

（4）海关放行即办结海关手续。

 拓展

"结关日"即"截关日"，在南方比较流行，指的是截止报关放行的时间，货物必须在此时间之前做好报关放行的工作，递交海关放行条给船舶公司，在此时间后再递交海关放行条，船公司将视该货物未能清关放行，不允许上船。一般是船开日前1~2天（散货需要5~7天），而且一般是截港时间后半个工作日。

任务 2　一般进出口货物报关前准备

一、签订代理报关协议

委托企业和报关公司签订电子代理报关协议（见图3-2），并向海关提交协议。同时签收委托方提供的报关资料，做好登记和交接工作。

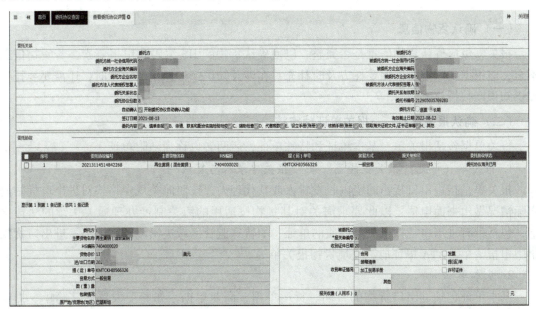

图 3-2　电子代理报关协议

纸质委托报关协议如图 3 – 3 所示。

委托报关协议

为明确委托报关具体事项和各自责任，双方经平等协商签定协议如下。

委托方		被委托方	
主要货物名称	再生黄铜（混合黄铜）	*报关单编号	
HS编码	7404000020	收到单证日期	2021年○
进/出口日期	2021年	收到单证情况	合同 □ 发票 □
提（运）单号			装箱清单 □ 提（运）单 □
贸易方式	一般贸易		加工贸易手册 □ 许可证件 □
数（重）量			其他
包装情况			
原产地/货源地（地区）		报关收费	人民币：0 元
其它要求：		承诺说明：	

背面所列通用条款是本协议不可分割的一部分，对本协议的签署构成了对背面通用条款的同意。

委托方签章：

经办人签字：
联系电话： 2021年08月26日

背面所列通用条款是本协议不可分割的一部分，对本协议的签署构成了对背面通用条款的同意。

被委托方签章：

报关人员签名：
联系电话： 2021年08月26日

（白联：海关留存、黄联：被委托方留存、红联：委托方留存）　　中国报关协会监制

打印时间：2021年08月30日 08：45：30　　　　第1页/共2页

图 3 – 3　纸质委托报关协议

二、理单

（一）确认货物信息

报关人员应确认货物信息是否完整，以便确认货物的 HS 编码和申报要素，若货物信息不全，应根据实际需要催促委托方及时补充。在涉及知识产权保护的货物时，还需要委托方提供知识产权授权书。

（二）确认报关资料——报关单证预审核

报关单据包括报关单、基本单证和特殊单证，后两者也称为随附单证。

1. 报关单（详见"报关技能篇"之"报关单录入与复核"）

报关单是指进出口货物的境内收发货人或其代理人，按照海关规定格式对进出口货物的实际情况做出书面申请，以此要求海关对其货物按适用的海关制度办理通关手续的法律文书，包括带有进出口货物报关单性质的单证，如特殊监管区域进出境备案清单、进出口货物集中申报清单、ATA 单证册、过境货物报关单等。

2. 基本单证

基本单证包括进出口货物的合同、货运单据、商业单据，如商业发票、装箱单、提运单等。

3. 特殊单证

特殊单证包括进出口许可证件、《加工贸易手册》、减免税证明、原产地证书、作为有些货物进出境证明的原进出口货物报关单证、租赁合同等。

4. 理单要求

在理单环节确认报关资料是否齐全、有效、一致。

"齐全"指的是单证资料的种类、单证内容符合报关要求。

"一致"指的是各资料之间"单单一致"和"单证一致"。报关人员应检查报关资料的内容，发现问题的应催促委托方及时修正并确认。

"有效"指的是相关的证明、手册、批件等应在合理有效期内使用，符合法律法规规定。

 拓展

报关单证预审核之"合理审查义务"

星星报关公司为 A 公司代理报关业务，A 公司将业务资料交给报关公司，由于疏忽，只提交了两张发票（共有三张发票），而报关员对此也未进行仔细审核，最后造成货物通关出现少报情况。被发现后，海关对没有证据证明是主观故意的 A 公司予以罚款处罚，同时对工作存在疏漏的报关公司进行相应的处罚。

思考：

1. 在上述案例中提到报关公司因未尽合理审查义务受到相应的处罚，请问什么是报关员及报关公司的合理审查义务？

2. 报关员在接单、理单环节的岗位职责是什么？

三、核对舱单信息

装载货物的运输工具进出境时，运输工具负责人等舱单传输人会向海关申报舱单信息。货物电子报关前应核对运输工具名称、件数、集装箱等，确保与舱单信息一致，如出现不一致的情况，电子报关单会被海关退单。

如出现不一致的情况，应先请委托方确认舱单和货物信息后再修改报关资料中的错误信息。

舱单样式如图 3-4 所示。

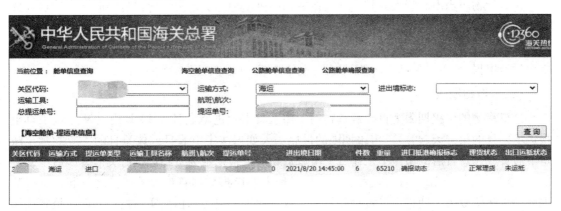

图 3-4　舱单样式

四、办理税款担保

（一）汇总征税适用范围

2015 年 7 月起，海关总署面向全国海关推广汇总征税业务。所有海关注册登记收发货人均适用汇总征税模式（"失信企业"除外）。

（二）汇总征税海关管理

报关单放行后，当无布控查验等海关要求事项的汇总征税报关单担保额度扣减成功后，海关即放行，企业应于每月第 5 个工作日结束前，完成上月应纳税款的汇总电子支付。税款缴库后，企业担保额度自动恢复。

汇总征税模式下，海关进出口货物收发货人在一定时期内多次对进出口货物的应纳税款实施汇总征税。汇总征税改变了以往"逐票审核、先税后放"的征管模式。企业在进口货物通关时，凭借商业银行出具的保函，不再"逐票缴税"，而是先提货，事后再按月集中缴税。

五、申报前看货取样

为确定进口货物的信息和归类等，进口货物的收货人经海关同意，可以在申报前查看货物或者提取货样，需要依法检验的货物，应当在检验合格后提取货样。

🌱 任务3　通关模式之"一次申报，分步处置" 🌿

一、电子申报

一般进出口货物申报是指在一般进出口货物进出库时，进出口货物收发货人或受委托的报关企业，依据《中华人民共和国海关法》及有关法律、行政法规的要求，在规定的期限、地点，采用电子数据报关单和纸质报关单形式，向海关报告实际进出口货物的情况，并接受海关审核的行为。

（一）申报地点

进口货物应当由收货人或其代理人在货物的进境地海关申报；出口货物应当由发货人或其代理人在货物的出境地海关申报。经收发货人申请，海关同意，进口货物的收货人或其代理人可以在设有海关的货物指运地申报，出口货物的发货人或其代理人可以在设有海关的货物启运地申报。

（二）申报期限

进口货物的申报期限为自装载货物的运输工具申报进境之日起 14 日内（从运输工具申报进境之日的第二天起算）。申报期限的最后一天如遇法定节假日或休息日的，应顺延至法定节假日或休息日后的第一个工作日。出口货物的申报期限为货物运抵海关监管区后至装货的 24 小时以前。进出口货物收发货人或其代理人的申报数据自被海关接受之日起，申报数据就产生法律效力，即进出口货物收发货人或其代理人应当承担如实申报、如期申报等法律责任。

进口货物的收货人未按上述规定期限向海关申报的，根据《中华人民共和国海关法》规定应征收滞纳金（滞纳金计算参照进出口税费部分）。进口货物自装载货物的运输工具申报进境之日起超过 3 个月仍未向海关申报的，为超期未报货物，对不宜长期保存的货物，可以根据实际情况提前处理。

 拓 展

某公司从国外进口一批家电产品，承运船舶于 2020 年 6 月 22 日向海关申报进境，该公司由于未能及时办理有关单证，于 7 月 9 日才向入境海关报关，经海关审定这批货物完税价格为 40 万元人民币。

思考：

1. 对该批滞报的进口货物，海关应征收多少滞报金？（具体见"基本技能篇"之"税费计算"）

2. 为什么海关要规定进出口货物申报期限？

滞报金计算

 拓 展

提前申报

经海关批准，进出口货物的收发货人、受委托的报关企业可以在取得提运单或者载货清单（舱单）数据后，向海关提前申报。提前申报是海关总署为促进贸易便利化推行的重要改革措施，有利于压缩货物通关时间，提升货物通关效率。

在进出口货物的品名、规格、数量等已确定无误的情况下，经批准的企业可以在进口货物启运后、抵港前或者出口货物运入海关监管作业场所前 3 日内，提前向海关办理报关手续，并且按照海关的要求交验有关随附单证、进出口货物批准文件及其他需要提供的证明文件。

通过提前申报，可缩短货物在港时间，降低企业通关成本。企业进行提前申报，海关提前审核申报单证。企业根据船舶动态合理安排货物集港时间，货物运抵后自动触发报关单放行，货物装船出口，减少货物在港停留时间，降低企业通关成本。

（三）**申报单据**

前面已阐述。

（四）**电子申报**

登录 http：//online. customs. gov. cn（"互联网＋海关"）（见图 3－5），选择"货物通

关"并逐项输入报关数据（报关单各项数据录入见"报关单录入与复核"部分），暂存报关单，审核无误且报关工作准备就绪后点击发送报关单，即完成电子申报。

图 3 – 5 "互联网 + 海关"

二、缴纳税费

（一）缴税方式

（1）"汇总征税"备案企业无须每票货物都办理缴税。

（2）未办理"汇总征税"的企业可以在申报环节中的"业务事项"栏选择"自报自缴"，完成报关、计税、缴纳。

拓展

海关税费征收之"自报自缴"与审核纳税

自报自缴方式与审核纳税都属于缴税方式。自报自缴指的是"自主申报、自行缴纳"，其核心内容是以企业诚信管理为前提，企业自主申报报关单的涉税要素，自行完成税费金额的核算，自行完成税费缴纳后，货物即可放行（放行前如需查验则查验后放行）。海关在放行后根据风险分析结果对纳税义务人申报的价格、归类、原产地等税收要素进行抽查审核。

审核纳税方式是海关在货物放行前对纳税义务人申报的价格、归类、原产地等税收要素进行审核，并进行相应的查验，确定货物的完税价格后核定应交纳税款，纳税义务人交纳税款后货物方予以放行。

2017 年 7 月 1 日以后，海关税费征收方式由海关审核方式已全面向自报自缴方式转变。这一转变也说明海关管理趋向建立在进出口企业的诚信管理水平上，也进一步推进贸易便利化。

（二）"自报自缴"模式下企业申报

（1）通过预录入系统如实、规范录入报关单涉税要素及各项目数据。

（2）利用预录入系统的海关计税（费）服务工具计算应缴纳相关税费。

（3）对系统显示的税费计算结果进行确认，连同报关单预录入内容一并提交至海关。

（4）收到海关通关系统发送的回执后，自行办理相关税费缴纳手续。

"自报自缴"模式下，进出口企业、单位主动向海关书面报告其违反海关监管规定的行为并接受海关处理，经海关认定为主动披露的，海关从轻或者减轻处罚；违法行为轻微并及时纠正，没有造成危害后果的，不予行政处罚。对于主动披露并补缴税款的，经企业申请，海关可以减免税款滞纳金。

（三）非"自报自缴"模式的税款支付方式

非"自报自缴"模式下，进出口企业、单位在收到申报地海关现场打印的税款缴款书后，可以选择到银行柜台办理缴费手续，或者通过在线支付平台缴税。

三、配合海关综合处置

海关接受申报、企业完成税款缴纳之后，可能会出现各种情形的海关处置，报关员应配合完成。

（一）放行前删改单

海关接受申报以后，报关单及随附单证的内容不得修改，申报也不得撤销。以下情况除外：

（1）出口货物放行后，由于装运、配载等原因造成原申报货物全部或部分退关、变更运输工具的。

（2）进出口货物在装载、运输、存储过程中因溢短装、不可抗力的灭失、短损等原因造成原申报数据与实际货物不符的。

（3）由于办理退补税、海关事务担保等其他海关手续需要修改或者撤销报关单数据的。

（4）根据贸易管理先行采用暂时价格成交、实际结算时按商检品质认定或以国际市场实际价格付款，需要修改申报内容的。

（5）已申报进口货物办理直接退运手续，需要修改或者撤销原进口货物报关单的。

（6）由于计算机、网络系统等方面的原因导致电子数据申报错误的。

（7）由于报关人员操作或者书写失误造成所申报的报关单内容有误的。

另外，海关发现报关单需要进行修改或撤销而进出口货物收发货人或其代理人未提交申请的，应当通知并向进出口货物收发货人或其代理人出具"进出口货物报关单修改/撤销确认书"，经收发货人确认后，由海关执行修改或撤销报关单。

（二）海关事务担保

1. 申请提前放行货物的担保

在确定货物的商品归类、估价和提供有效报关单证或者办结其他海关手续前，收发货人要求放行货物，海关应当在收发货人提供与其依法应履行的法律业务相适应的担保后放行。但是，涉及许可证件管理而无法提供许可证件的，不适用担保。

2. 办理特定海关业务的担保

特定海关业务担保包括暂时进出境业务的担保、进境修理和出境加工的担保、最难货物进口担保等。

3. 涉案担保

有违法嫌疑的货物、物品、运输工具应当或者已经被海关依法扣留、封存的，当事人可以向海关提供担保，申请免予或者解除扣留、封存。有违法嫌疑的货物、物品、运输工具无法或者不便扣留的，当事人或者运输工具负责人应当向海关提供等值的担保；未提供等值担保的，海关可以扣留当事人等值的其他财产；法人或其他组织受到海关处罚，在罚款、违法所得或者依法应当追缴的货物、物品、走私运输工具的等值价款缴清前，其法定代表人、主要负责人出境的，应当向法关提供担保。

4. 知识产权海关保护事务担保

知识产权权利人请求海关扣留侵权嫌疑货物时，应当向海关提供等值担保（不超过货物价值），以备因申请不当给收货人、发货人造成损失而产生的赔偿和仓储费用。而涉嫌侵犯专利权货物的收发货人认为其进出口货物未侵犯专利权，可以在向海关提供货物等值的担保金后请求海关放行，也就是反向担保。

（三）现场验估

现场验估是指在税收征管作业中，验估部门根据海关总署税收征管局的验估类风险参数及指令，为确定商品归类、完税价格、原产地等税收征管要素而实施的验核进出口货物单证资料或报验状态，对税收征管要素风险进行评估、处置的行为。是海关与货主或其代理人关于单证流、信息流的当面交流与沟通，有时这种交流与沟通还需要对货物进行实际查验后进行。

验估工作怎么做？

四、配合查验

（一）海关查验的含义与"4W"

查验是指海关在接受申报后，依法为确定进出境货物的性质、原产地、状况、数量和价值是否与货物申报单上已填报的内容相符，确认进出境货物及报关单位的报关行为是否合法合规，依法对货物进行实际检查的行政执法行为。

（二）海关查验"4W"

"4W"指的是查验对象、查验地点、查验时间、查验方法。

1. 查验对象

（1）敏感商品：涉及税率调整、高退税率商品、加工贸易商品等；

（2）单证疑点商品：信息矛盾、缺失、归类错误、违背常识等；

（3）企业失信行为：有多次违规记录等；

（4）被举报，有走私嫌疑的。

2. 查验地点

查验一般应当在海关监管区内实施。因货物易受温度、静电、粉尘等自然因素的影响，不宜在海关监管区内实施查验，或者因其他特殊原因，需要在海关监管区外查验的，经进出口货物收发货人或其代理人书面申请，海关可以派员到海关监管区外实施查验。

3. 查验时间

当海关决定查验时，将以书面通知的形式通知进出口货物收发货人或其代理人，约定查验的时间，查验时间一般约定在海关正常工作时间内。对于危险品或者鲜活、易腐、易变质等不宜长期保存的货物，以及因其他特殊情况需要紧急验放的货物，经进出口货物收发货人或其代理人申请，海关可以优先实施查验。

4. 查验方法

海关查验分为彻底查验和抽查。彻底查验是对逐件货物开拆包装，验核货物实际状况；抽查是按照比例验核部分货物。

采用的操作手段有人工查验和设备查验。人工查验包括外形查验和开箱查验。外形查验是对外部特征直观判断，包括对包装、运输标志以及货物的外观状况进行验核；开箱查验是将货物从集装箱、货柜车厢等箱体中取出并拆除外包装后对货物实际状况进行验核。设备查验是以技术检查设备为主对货物实际状况进行验核。

 拓展

报关员如何配合查验？

海关查验货物时，进出口货物收发货人或其代理人应当到场，配合海关查验，并配合做好以下工作：

（1）负责按照海关要求搬移货物，开拆包装，以及重新封装货物；

（2）预先了解和熟悉所申报货物的情况，如实回答查验人员的询问及提供必要的资料；

（3）协助海关提取需要做进一步检验、化验或鉴定的货样，收取海关出具的取样清单；

（4）查验结束后，在海关人员出示的"海关进出境货物查验记录单"上签字确认。

五、货物放行及后续工作

（一）货物放行前补充申报

企业可通过两种方式进行补充申报。一是企业可主动向海关补充申报，在向海关申报报关单时，通过"海关补充申报管理系统"电子补充申报单进行申报。二是企业根据海关通过"系统"发送的电子指令，在收到补充申报电子指令之日起5个工作日内，通过该"系统"的电子补充申报单进行申报。

（二）提取/装运货物

提取/装运货物是指海关接受进出口货物的申报、审核电子数据报关单或纸质报关单及随附单证、查验货物、征收税费或接受担保以后，对进出口货物做出结束海关进出境现场监管决定，允许进出口货物离开海关监管现场的工作环节。通常情况下，通过计算机将海关决定放行的信息发送给进出口货物的收发货人或其代理人和海关监管货物保管人。进出口货物的收发货人或其代理人从计算机上自行打印海关通知放行的凭证，以提取进口货物或将出口货物装运到运输工具上离境。

（三）配合海关单证验核与实地核（稽）查

根据"一次申报、分步处置"的通关流程，海关通常在货物放行后对企业申报的价格、归类、原产地等税收征管要素进行抽查审核。税收征管中心在批量审核发现需要修撤单、退补税或者补充申报、价格磋商等情况时联系企业配合海关完成相关单证手续。海关认为在安全准入或税收征管方面存在风险的，海关核查部门会联系企业实施稽查作业。

（四）申请相关证明

进口汽车、摩托车等结关后，报关员应向海关申请签发"进口货物证明书"，进口货物收货人凭以向国家交通管理部门办理汽车、摩托车的牌照申领手续。

（五）担保销案

担保销案是指保证金或保函的担保人在担保期内履行了事先承诺的义务，填写"退转保金保函申请书"，随附有关证明，向海关要求退还已缴纳的保证金或注销已提交的保证函，以终止所承担义务的海关手续。

任务4　通关模式之"两步申报"（一般进口货物）

一、两步申报基本内容

2019 年国务院提出实施进口概要申报 + 完整申报的"两步申报"通关模式改革，在"两步申报"通关模式下，允许企业将原先的 105 个报关申报项目分为概要申报（$9 + 2 + N$ 项）和完整申报两步进行申报，企业不需要一次性提交全部申报信息及单证。

第一步：概要申报（也称提货申报）：企业凭提单（舱单）信息，提交口岸安全准入需要的有关信息进行概要申报，此时企业须向海关申报 9 个基础项目、确认 2 个物流项目，如果涉证、涉检分别补充相应项目，即 $9 + 2 + N$ 项目，在此环节无须上传随附单据。海关对申报内容进行甄别后可以放行提货，属于货物安全准入事项的风险排查。

第二步：完整申报：企业在概要申报货物提离后，运输工具申报进境之日起 14 日内在概要申报信息的基础上补充完成完整申报信息，补交提交满足税收征管、海关统计等所需要的相关信息和单证，并按规定完成税款缴纳等流程。

一般进口货物实施"两步申报"模式的同时，继续保留"一次申报、分步处置"模式，企业可根据自身情况及需要自主选择申报模式。

二、两步申报流程

（一）申报前单据及税款处理

1. 舱单提前传输

在报关单正式申报前，舱单传输义务人按照规定时限和填制规范通过"单一窗口"或"互联网 + 海关"一体化办事平台向海关传输舱单数据。不符合舱单填制规范的，海关作业系统退回舱单传输义务人修改。

2. 监管证件及涉检信息办理

进口货物有监管证件管理要求的，企业应在申报前根据规定办理进口所需的监管证件。

涉及检疫准入、境外预检、境外装运前检验等需要在进口申报前实施检验规定的，相关企业应在申报前根据规定办理相关手续，取得相应的进口批准文件及证明文件。

3. 税款担保备案

对应税货物，因为概要申报时无法确定最终需缴纳的税款，为方便企业在概要申报后即可提离货物，企业需要在概要申报前完成担保备案，并在概要申报时提供相应的担保信息。

（二）申报后放行前

1. 概要申报

进口货物在舱单传输义务人按照规定向海关传输后，即可办理概要申报。

概要申报流程：概要申报—风险甄别排查处置—监管证件比对—通关现场作业—允许货物提离—货物提离。

（1）确定以下情况。

企业进行概要申报时需先确定，申报进口货物是否属于禁限管制，是否需要实施检验或建议，是否需要交纳税款，并如实申报。根据是否涉政、涉检，涉税，确定相应的概要申报项目。

①报关单不涉禁限管制证件、不属于依法需检验或检疫、不属于涉税的，企业申报九个基础项目和两个物流项目（毛重和集装箱号）；

②报关单仅涉监管证件的，在九个基础项目和两个物流项目基础上加报监管证件号和集装箱信息两个项目；

③报关单仅涉检的，在九个项目和两个物流项目基础上加报商品信息和集装箱信息；

④报关单仅涉税的，在九个项目和两个物流项目基础上选择符合要求的担保备案编号。

（2）风险甄别排查处置。

海关风险防控、税收征管部门按照分工实施全过程风险防控，综合运用包括大数据在内的多种手段，全面收集整理各类风险信息（包含情报、企业信用、预警通报等），根据安全准入要求，构建风险研判模型，加工风险规则，按照处置环节分别作用于舱单管理和通关作业管理等系统。海关风险防控部门对安全准入风险进行甄别，下达货物查验指令并由海关现场查验岗实施查验，或下达单证作业指令并由海关综合业务岗实施单证作业。口岸海关在货物提离海关监管作业场所前按照指令要求完成货物准予提离风险排查处置，目的地海关在货物提离后按照指令要求完成货物准予销售或使用风险排查处置。

（3）监管证件比对。

涉及监管证件且实现联网核查的，系统自动进行电子数据比对。概要申报阶段，海关系统仅对监管证件、证号是否有效进行判断，不对证件内容进行比对。

（4）通关现场作业。

通关现场作业主要包括现场单证作业及货物查验与处置环节。

现场单证作业。申报地海关综合业务岗根据指令要求进行单证作业，进行人工审核。

货物查验与处置。口岸海关查验岗按照指令要求对货物进行查验。完成查验且无异常的，人工审核通过；查验异常的按异常处置流程处置。

（5）允许货物提离。

对系统或人工审核通过的报关单，允许货物提离。

（6）货物提离口岸监管作业场所。

允许提离货物，系统向监管作业场所卡扣发送放行信息，向企业发送允许货物提离信息，企业办理货物提离手续。

2. 完整申报

完整申报是企业需自运输工具申报进境之日起 14 日内，按照报关单填制规范完成报关单完整申报。企业可在两步申报数据查询中，通过"统一编号""报关单号""提运单号"等字段查询到需要补充完整申报的报关单据。在"概要申报"页面点击"备录"即可进入到"备录界面"进行补充完整申报。

完整申报流程：完整申报—风险甄别排查处置—监管证件比对核查、核扣—计征税费—通关现场作业—报关单放行。

（1）完整申报。

企业在运输工具申报进境之日起 14 日内向接受概要申报的海关补充申报报关单完整信息及随附单证电子数据，即在完整申报环节，补充除概要申报阶段已经申报的"9 + 2 + N"之外的信息。表 3 – 1 所示为申报项目。

表 3 – 1　申报项目

序号	申报项目	项目名称	填报方式
1	企业信息	境内收发货人	必填
2	运输信息	运输方式/运输工具名称及航次号	必填
3		提运单号	必填
4	监管方式	监管方式	必填
5	货物属性	商品编号（六位）	必填
6		商品名称	必填
7		数量及单位	必填
8		总价	必填
9	国别（地区）信息	原产国（地区）	必填

（2）风险排查处置。

海关税收征管局、风险防控局开展税收等风险甄别和排查处置，根据甄别及排查结果下达单证验估指令或稽（核）查指令，交现场海关执行并反馈。

（3）监管证件比对。

涉及监管证件且实现联网核查的，系统自动进行电子数据比对核查、核扣。

（4）计征税费。

企业核对系统显示的税费计算情况，在收到海关通关系统发送的回执后，自行办理税费缴纳手续。

（5）通关现场作业。

申报地海关验估岗根据税收征管局指令进行单证验核对；申报地海关综合业务岗根据风险防控部门指令要求进行单证作业。多数完整申报报关单无须经过海关现场作业环节。

（6）报关单放行。

对系统自动审核通过或经人工审核通过的完整申报报关单，系统自动完成放行。

3. 放行后

海关对完整申报报关单的放行不意味着在放行后不再对报关单进行复核，必要的时候要配合做好稽核查、验估等工作。

 拓 展

什么情况下可以采用两步申报？

（1）概要申报与完整申报均需在自运输工具申报进境之日起 14 日内完成，概要申报可以实施"提前申报"；

（2）境内收货人信用等级为一般信用及以上的；

（3）进口货物；

（4）所涉及的监管证件已实现联网核查的货物。

另外，转关业务暂不能适用"两步申报"模式。

 加 油 站

（1）请列出本次申报所需要的报关单据。

（2）根据本章"项目背景"复核报关单（见表 3 - 2）。

（4）如果企业在自查时发现存在低硫附加费没有向海关申报的情况时怎么办？

表 3 - 2　中华人民共和国海关进口货物报关单

预录入编号：　　　　　　　　　　海关编号：　　（申报地海关）　　页码/页数

境内收货人	进境关别	进口日期	申报日期	备案号
境外发货人	运输方式	运输工具名称及航次号	提运单号	货物存放地点
消费使用单位	监管方式 A.一般贸易	征免性质 B.一般征税	许可证号	启运港
合同协议号	贸易国（地区） C.日本	启运国（地区）	经停港 D.大阪（日本）	入境口岸
包装种类	件数 E.6	毛重（千克） F.65210	净重（千克） G.65000	成交方式 H.CIF	运费 I.——	保险费	杂费 J.——

随附单证
随附单证 1：　随附单证 2：

标记唛码及备注

项号	商品编号	商品名称、规格型号	数量及单位	单价/总价/币制	原产国（地区最终目的国 境内货源地 征免）
		K.65210千克			L全免

（4）本笔业务为提前报关业务，请分析提前报关业务流程的不同之处。

业务申报单据

 解 析

一、本票业务应提交的报关单据

报关单据分为报关单、基本单证、特殊单证。结合本案例，通过查询 HS 编码所对应的监管条件（见图3-6），得出该批货物无监管证件。综上，本票业务应提交的报关单据为代理报关委托书（电子），合同，商业发票，装箱、提运单，且单证真实有效。

商品编码	7601200090				
商品名称	其他未锻轧铝合金				
申报要素	1:品名;2:品牌类型;3:出口享惠情况;4:形状[锭、块];5:材质[非合金铝、铝合金];6:加工方法[未锻轧,或铸造、烧结等];7:成分含量[铝及合金元素的含量];8:定价方式[公式定价、现货价等];9:需要二次结算、无需二次结算;10:计价日期;11:签约日期;12:GTIN;13:CAS;14:其他[非必报要素，请根据实际情况填报];				
法定第一单位	千克		法定第二单位	无	
最惠国进口税率	7%		普通进口税率	14%	暂定进口税率	0.07
消费税率	-		出口关税率	30%	出口退税率	0%
增值税率	13%		海关监管条件	无	检验检疫类别	无
商品描述	其他未锻轧铝合金				

图3-6　案例对应的监管条件

二、报关单复核结果

（1）经停港非日本大阪，应改为日本名古屋。

（2）净重非 65 000 千克，应改为 65 156 千克，合同约定 65 000 千克，且约定溢短装条款为增减10%，装箱单上实际净重为 65 156 千克，因此本题填写 65 156 千克。本题还应注意单位换算。

（3）成交方式非 C&F，应为 CIF。

（4）杂费非空，应为 CNY/6 000/3。发生在货物运抵起卸之前的以下海运附加费用应作为杂费计入完税价格中：费用明细单中货币贬值附加费（CAF）、低硫附加费（LSS）。

（5）征免栏非全免，应为照章征税。因为该栏目与监管方式、征免性质等栏目有逻辑关联。

三、本票业务为提前申报模式

报关单中申报日期为 2021.8.20，而进口日期为 2021.8.24，进口日期在申报日期之后。

提前申报的通关流程是货到之前进行单证审核，要求进出口货物的舱单数据已传输到海关，并且进出口货物的品名、规格、数量等要素已确定无误后，货物到港后就能提货。"提前申报"建立在企业资信状况的基础上，所以企业须经海关批准方可办理提前申报。

四、低硫附加费（LSS）

低硫附加费是指为弥补在新的硫氧化物排放控制区域航行的船舶使用低硫燃油所增加的成本而收取的附加费，属于航运附加费中新出现的一种费用。如出现漏报低硫附加费，应予以主动披露，3 个月内向海关主动披露，主动消除危害后果的，不予行政处罚。3 个月后主动披露的，是否给予行政处罚要视情况而定。

业务流程解析

保税货物报关

(1) 熟悉保税货物的含义、海关监管特点；

(2) 熟悉保税加工两种形式；

(3) 熟悉保税加工主要监管模式；

(4) 了解海关事务担保在保税货物通关中的应用；

(5) 了解海关保税业务政策。

(1) 能制定保税加工货物通关方案；

(2) 能正确进行保税料件进口报关、成品出口报关单电子数据预录入；

(3) 能指导进行保税加工海关事务担保；

(4) 能协助海关做好中期关务管理；

(5) 能完成后期核销作业。

培养学生具备依法通关的职业素养。

通关导读

保税加工货物报关流程如图 3-7 所示。

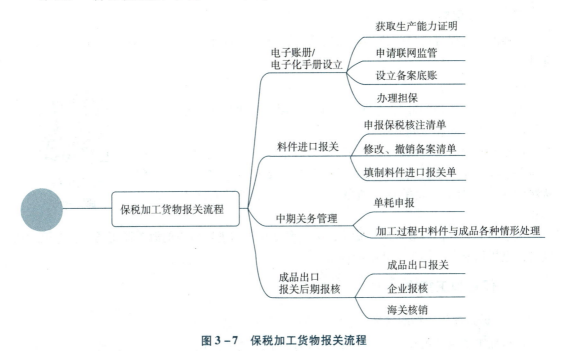

图 3-7 保税加工货物报关流程

项目导读

浙江鑫创有限公司（高级认证企业）使用现汇从日本 A 公司购进气门嘴（商品编码：8481300000）料件一批，价值 510 000 日元，准备用于生产铝合金轮毂（商品编码：8708709100）出口并销售给日本 B 公司。该公司现委托浙江荣盛国际货运代理有限公司进行报关。现假设你是浙江荣盛国际货运代理有限公司的报关员，请设计该票业务的报关程序。

任务1 认识保税货物与保税加工业务

一、保税货物

保税货物是经海关批准，未办理纳税手续进境，在境内储存、加工、装配后复运出境的货物。通常分为保税加工货物和保税物流货物两种类型。保税货物是海关监管货物的一种，具有以下特点：

（一）前置备案

保税货物的进口必须经海关依法核准备案。

（二）暂缓纳税

经核准的保税货物，进口时均无缴纳进口关税和进口环节税。若经核准转内销，则必须缴纳进口关税和进口环节税，保税加工货物还须加收缓税利息。

（三）免于管制

经核准允许保税进口的货物，除法律、行政法规另有规定外，无须提交相关进口许可证件。

（四）过程监管

海关对保税货物的监管是动态的过程管理，相比较于一般进出口货物监管，在时间和空间上均得以延伸。

从时间上来看，一般进出口货物监管时限是自货物进出境起到办结海关手续、海关放行为止，保税货物监管时限从货物进口申报起到货物的储存、加工、装配直至货物复运出境、办结海关核销手续等为止。

常见的保税
监管场所

从空间上来看，一般进出口货物通关主要是在货物进境口岸的海关监管场所，保税货物则延伸至货物储存、加工、装配的场所。

二、保税加工货物

（一）保税加工货物的含义

保税加工货物是指经海关批准未办理纳税手续进境，在境内加工、装配后复运出境的货物。

（二）保税加工货物的通关特征

（1）料件进口时暂缓缴纳进口关税及进口环节海关代征税，成品出口时除另有规定外无须缴纳关税。

（2）料件进口时除国家另有规定外免予交验进口许可证件，成品出口时凡属许可证件管理的，必须交验出口许可证件。

（3）进出境海关现场放行并不代表着结关。

 拓展

保税加工两种基本形式

保税加工分为来料加工和进料加工两种形式。来料加工是指境外厂商提供原材料，委托境内工厂加工，产品由外方销售，我方收取工缴费。进料加工是指境内企业付汇从境外购买原材料，完成加工，成品销往境外。来料加工和进料加工的相同点是"两头在外"，即原料来自国外，成品又销往国外。

思考：请从原材料来源、货物所有权归属、成品出口盈利风险、收益方式等角度比较两者的异同。

（三）保税加工货物主要监管模式

（1）电子化手册管理。以企业的单个加工合同为单元实施对加工贸易货物的监管。

（2）电子账册管理。以企业整体加工贸易业务为单元实施对加工贸易货物的监管，只设立一个电子账册。其基本管理原则是一次审批、分段备案、滚动核销、控制周转、联网核查。

任务2　电子账册下保税加工业务流程

一、账册设立

（一）加工贸易经营企业获取生产能力证明

从事加工贸易的经营企业应登录商务部"加工贸易企业经营状况及生产能力信息系统"（https：//ecomp. mofcom. gov. cn/），在线填写加工贸易企业经营状况及生产能力信息表（见表3-3），并做出承诺。

表3-3　加工贸易企业经营状况及生产能力信息系统

企业类型：□经营企业　经营加工企业　□加工企业

企业基本信息			
企业名称：			
统一社会信用代码：			
海关注册编码：		外汇登记号：	
法人代表：	联系电话：		传真：
业务负责人：	职务：		手机：
业务联系人：	职务：		手机：
企业地址：			邮政编码：
企业性质：　□国有企业　□外商投资企业　□其他企业			
海关认定信用状况：　□高级认证企业　□一般认证企业　□一般信用企业　□失信企业			
行业分类：			
进口料件：详情见附表 料件代码：　料件名称：　数量：　（　　）金额：　（美元）			
出口成品：　成品代码：　详情见附表　成品名称：　数量：　（　　）金额：　（美元）			
人员信息：			
企业就业人数：		其中从事加工贸易业务的人数：	
资产情况：			

外商投资 企业填写	注册资本：	累计实际投资总额/资产总额：		外商本年度拟投资额： 外商下年度拟投资额： 直接投资主体是否世界500强企业：　□是　□否
		实际投资来源地：（按投资额度或控股顺序填写前五位国别/地区及累计金额） 1. 2. 3. 4. 5.	累计实际投资额（截至填表时）： 1. 2. 3. 4. 5.	

续表

内资企业填（万元人民币）	注册资本：	资产总额（截至填表时）：		净资产额（截至填表时）：	本年度拟投资额： 下年度拟投资额：
企业上年度经营情况：					
总产值（万元人民币）：				利润总额（万元人民币）：	
纳税总额（万元人民币）：				工资总额（万元人民币）：	
本企业采购国产料件额（万元人民币）：　　　（不含深加工结转料件和出口后复进口的国产料件，单位万元）					
加工贸易出口额占企业销售收入总额比例（%）：		加工贸易转内销额（万美元）：		内销征税额（万元人民币　含利息）：	
深加工结转总额（万美元）：		转出额（万美元）：		转进额（万美元）：	
国内上游配套企业家数：		国内下游用户企业家数：			
企业生产能力：					
厂房面积（平方米）： □自有　□租用		年生产能力：　详情见附表 产品名称：　　产品代码：　　单位：　　数量：			
累计生产设备投资额（万美元）：（截至填表时）					
累计加工贸易进口不作价设备额（万美元）：（截至填表时）					
主要生产设备名称及数量：					

序号	设备名称	单位	数量	是否租赁
1				
2				

备注：	
录入人员：	录入日期：
企业承诺：　　　　　　　　以上情况真实无讹并承担法律责任。	

说明：①开展加工贸易业务的企业需登录 https：//ecomp. mofcom. gov. cn/填报，咨询电话：010 - 67870108；

②有关数据如无特殊说明均填写上年度数据；

③如无特别说明，金额最小单位为"万美元"和"万元人民币"；

④涉及数值、年月均填写阿拉伯数字；

⑤进口料件和出口商品指企业从事加工贸易业务所涉及的全部进口料件和出口商品；数量和金额指企业当年加工能力最大值；

⑥进出口额、深加工结转额以海关统计或实际发生额为准；

⑦此信息表有效期为自填报（更新）之日起一年。

（二）联网监管申请

加工贸易企业向所在地直属海关提出书面联网监管申请，并提供加工贸易企业联网监管申请表、企业进出口经营权批准文件、企业上一年度经审计的会计报表、工商营业制造复印件、经营范围清单及海关认为需要的其他单证。

（三）设立备案底账

所有加工贸易企业在建立电子账册前，需要向主管海关提供该企业保税商品归类、商品归并资料，主管海关据此为企业建立加工贸易项号级备案资料库，也称备案底账。

（1）设立出口成品信息。加工贸易企业根据以往加工贸易的数据资料，结合自己的生产经营计划，编制出口成品信息表。

（2）设立进口料件信息。加工贸易企业根据计划出口的成品信息，结合生产工艺，编制进口料件信息表。

（3）设立物料清单信息（BOM）。以数据格式描述产品结构，表明成品和料件的构成关系，并且可以由计算机识别产品结构数据文件。

（4）建立商品归并关系。海关与联网监管企业根据监管需要，按照商品中文品名、HS编码、价格、贸易管制等条件，将联网监管企业内部管理的料号级商品和电子账册备案的项号级商品归并或拆分，建立"一对多"或"多对一"的对应关系。

 拓 展

商品归并应注意的问题

满足以下情况时才可以归入同一个联网监管商品项号：

（1）10 位 HS 编码相同；

（2）商品名称相同的；

（3）申报计量单位相同的；

（4）规格型号虽不同但单价相近的。

（四）办理担保

2017 年 8 月全国范围内取消加工贸易银行保证金台账制度，加工贸易项下的料件进境未办理纳税手续，将适用海关事务担保，并区分须担保和无须担保两种情况。

1. 需要提供担保的情况

（1）对管理方式为"实转"的商品编码，东部地区一般信用企业缴纳保税进口料件应缴进口关税和进口环节增值税之和 50% 的保证金。

（2）失信企业开展限制类商品加工贸易业务均须缴纳 100% 保证金。

2. 无须担保的情况

（1）加工贸易的商品属于允许类商品、不实行"实转"的限制类商品。

（2）经营企业及其加工企业同时属于中西部地区。中西部地区是指北京、天津、上海、辽宁、河北、山东、江苏、浙江、福建、广东等东部地区以外的其他地区。

（3）加工贸易企业为高级认证企业或一般认证企业。

担保时，可采用保证金或保函形式。以保函形式办理担保业务时，企业应向海关提交银行或者非银行金融机构的保函正本。以保证金形式办理担保业务时，企业应凭海关开具的"海关交付款通知书"，保证金款项交至海关指定代保管款账户。

海关事务担保

（五）建立电子账册

1. 申报备案信息

企业可通过电子申报系统向海关申请设立电子账册，申报以下信息：

（1）企业基本情况，包括经营单位及代码、加工企业及代码、经营范围账册号、加工生产能力等。

（2）料件、成品部分，包括归并后的料件、成品名称、规格、商品编码、备案计量单位、币值、征免方式等。

（3）单耗关系，包括出口成品对应料件的净耗、损耗率等（在后面章节阐述）。

2. 账册设立

企业提交齐全、有效的单证材料申报设立账册的，海关应当在规定时间完成设立手续。需要办理税款担保手续的，在按规定提供担保后，海关办理账册设立手续。海关将根据企业的加工能力设定电子账册最大周转金额，并对部分高风险或需要重点监管的料件设定最大周转数量。

二、料件进口报关

电子化手册管理模式下，进口料件和出口成品的数量受合同备案数量限制，在电子账册管理模式下，进口料件的数量不得超过周转量剩余值，报关单总金额不得超过电子账册最大周转金额的剩余值。

（一）申报保税核注清单

海关总署自 2018 年 7 月全面启用保税核注清单。企业应按照系统设定的格式和填报要求向海关报送保税核注清单数据信息。该清单反映企业生产实际的料号级商品，为报关单申报时数据归并的来源。

在启用保税核注清单系统后，以下情况可以不再办理报关单（备案清单）：

（1）加工贸易货物手册管理模式下的余料结转；

（2）加工贸易货物销毁；

（3）加工贸易不作价设备结转；

（4）海关特殊监管区域、保税监管场所间或与区外企业间进出货物的（由区内企业申报的）。

核注清单

保税核注清单是金关二期加工贸易和保税系统的专用单证，是所有金关二期保税底账的进、出、转、存的唯一凭证,承担保税底账核注功能,是海关保税底账管理的"创制之举"。全面支持企业料号级管理的需求,可以实现企业料号级管理、通关项号级申报;简化了保税货物流转手续,凡是设立了金关二期保税账册的企业,企业办理加工贸易货物余料结转、加工贸易货物销毁(处置后未获得收入)、加工贸易不作价设备结转手续的,可不再办理进出口报关单申报手续;海关特殊监管区域、保税监管场所间或与区(场所)外企业间进出货物的,区(场所)内企业可不再办理备案清单申报手续。

核注清单和进出口报关单(备案清单)存在区别,核注清单反映企业生产实际的料号级商品;进出口报关单(备案清单)是用于通关、料号级数据经过归并汇总的项号级商品,两级数据需要保持一致。

(二)生成、修改、撤销备案清单

保税核注清单申报通过后,进行报关商品的归并,形成报关单(备案清单)数据。包括进口料件归并(归并条件已阐述)、出口成品归并。其中,出口成品归并要满足以下条件:10位商品编码相同;申报计量单位相同;中文商品名称相同;币制相同;最终目的国(地区)相同;涉及单耗标准与不涉及单耗标准的料号级成品不得归并;因管理需要,海关或企业认为需要单列的商品不得归并。

进出口报关单(备案清单)修改,应提前修改核注清单相应内容;要撤销的,其对应的保税核注清单应一并撤销;对于涉及保税底账已备案的,应先变更保税底账信息。

(三)填制料件进口报关单

保税料件进口和成品出口需要两次报关,两次填制报关单。以下栏目要重点把握,其他栏目与一般进出口报关单基本一致,如表3-4所示。

表3-4 保税料件进口报关单主要栏目填制

栏目	规范填写要求
监管方式	进料对口(0615)/来料加工(0214)
征免性质	进料加工(503)/来料加工(502)
备案号	手册编号(C)/手册编号(B)
征免	全免/全免
项号	手(账)册对应进口料件项号/手(账)册对应进口料件项号
原产国	料件进口原产国/料件进口原产国

进口少量低值辅料(5 000美元以下、78种以内的低值辅料)按规定不适用手册,填报"低值辅料";适用手册的,按手册上的监管方式填报。

三、配合海关中期核查

在保税加工生产的过程中,海关对加工贸易经营企业进行中期关务管理,监督监管企业按海关监管规定完成料件的加工,并将加工后的成品返销境外。

（一）单耗与中期关务管理

1. 单耗及计算方式

单耗是指正常生产条件下加工生产单位出口成品所耗用的进口保税料件的数量。使用电子化手册时通常在备案、成品出口、深加工结转前、内销前、报核前等环节填写单耗申报表。使用电子账册可选择在报核前申报单耗。

单耗计算公式：单耗＝净耗＋工艺损耗＝净耗／（1－工艺损耗率）

净耗：在加工后，料件通过物理变化或者化学反应存在或者转化到单位成品中的量。

工艺损耗：因加工工艺的原因，料件在正常加工过程中除净耗外所必须耗用，但不能存在或者转化到成品中的量，包括有形和无形损耗；工艺损耗率是工艺损耗占所耗用料件的百分比。

2. 单耗申报不实的及法律责任

 拓 展

某外商投资企业从事加工贸易业务，进口处理器、液晶屏、锂电池、硬盘、内存条、集成电路等零部件并加工生产成笔记本电脑后复出口。海关稽查部门对该公司加工贸易单耗情况进行核查，发现该公司"集成电路"料件实际单耗是20个，而公司申报数为28个，实际单耗与申报单耗存在差异，造成实际公司内存条盘盈1 000条，与预期剩余数量有较大差异。

试分析单耗申报在加工贸易海关管理中的作用。

单耗申报不实违规将承担的法律责任：

（1）单耗申报不实的，将被处申报单耗耗用保税料件与实际单耗耗用保税差额的保税料件价值5%以上30%以下的罚款，有违法所得的，没收违法所得；漏缴税款的，可以另处漏缴税款1倍以下罚款。

（2）申报时如实申报单耗，但因生产技术的提高等原因导致实际单耗发生变化，未及时向海关申请变更，但是在手册核销环节如实向海关报核真实单耗的，可以从轻或减轻处罚。

（3）在海关核销手册前发现单耗申报错误，海关责令当事人更改单耗、重新申报并核销的，核销结案后发现单耗申报错误的，责令当事人补缴申报单耗与实际单耗差额部分保税料件的应缴税款及相应的违规滞纳金。

（4）故意错报单耗截留保税料件或成品，使其脱离海关监管偷逃税款的，情节严重偷逃税款数额较大，构成走私犯罪的，依法追究刑事责任。

（二）保税加工过程中出现的情形及海关处理

1. 外发加工

外发加工是指经营企业委托承揽并对加工贸易货物进行加工，在规定期限内将加工后的产品运回本企业并最终复运出口的行为。

2. 内销

保税加工货物转内销的，如实申报"加工贸易货物内销征税联系单"，凭以办理通关手续，并交纳进口税和缓税利息。符合条件的企业在每月最后一个工作日前完成当月的内销保税货物集中内销申报（先销后税）。新监管模式下企业每月 15 日前对上月发生的内销保税货物集中办理纳税手续，但不得跨年。

3. 料件串换

加工贸易货物应当专料专用。

在电子化手册模式下，经海关核准，经营企业可以在保税料件之间、保税料件与非保税料件之间进行串换，但是被串换的料件应当属于同一企业，并且应当遵循同品种、同规格、同数量、不牟利的原则。来料加工保税进口料件不得串料。

保税料件和国产料件（不含深加工结转料件）之间的串换必须符合同品种、同规格、同数量、关税税率为零，且商品不涉及进出口许可证件管理的条件。

经营企业因保税料件与非保税料件之间发生串换，串换下来同等数量的保税料件，经主管海关批准后，由企业自行处置。上述各种料件串换行为都需要经海关批准。

4. 料件退运或出口

经营企业进口料件由于质量存在瑕疵、规格型号与合同不符等原因，需要返还原供货商进行退换，以及由于加工贸易出口产品售后服务需要而出口未加工保税料件的，可以直接向口岸海关办理报关手续，留存有关报关单证，以备报核。

5. 放弃

企业放弃剩余料件、边角料、残次品、副产品等，交由海关处理，应当提交书面申请。

6. 销毁

被海关做出不予结转或不予放弃的加工贸易货物或涉及知识产权侵权等原因企业要求销毁的加工贸易货物，企业可以向海关提出销毁申请，经海关审核同意的，按照规定销毁，海关派员监督销毁。

7. 受灾保税加工货物的处理

对于受灾保税加工货物，加工贸易企业必须在灾后 7 日内向主管海关书面报告，并提供证明材料。因不可抗力造成保税加工货物灭失或完全失去使用价值的，经海关审定后予以免税；可以再利用的保税货物，海关将审定该货物价格，在征收进口税和缓税利息后予以进口；因不可抗力造成的受灾保税加工货物需销毁处理的，也须向海关提出销毁申请，经海关审核同意的，在海关派员监督销毁后将凭据提交海关报关。

关于是否免于交验许可证件：因不可抗力造成的受灾保税加工货物对应的原进口料件内销征税时，如属于进口许可证件管理的，免于交验许可证件；因非不可抗力造成的受灾保税加工货物对应的原进口料件内销征税时，如属进口许可证件管理的，应当交验进口许可证件。

其他报关处理：

（1）加工贸易料件转内销货物以及按料件办理进口手续的转内销制成品、残次品、未完成品，填制进口报关单，填报"来料料件内销"或"进料料件内销"。

（2）加工贸易进口料件因换料退运出口及复运进口的，填报"来料料件退换"或"进料料件退换"。

（3）加工贸易过程中产生的剩余料件、边角料退运出口以及进口料件因品质、规格等原因退运出口且不再更换同类货物进口的，分别填报"来料料件复出""来料边角料复出"

"进料料件复出""进料边角料复出"。

（4）加工贸易边角料内销和副产品内销，填制进口报关单，填报"来料边角料内销"或"进料边角料内销"。

拓展

某公司保税进口一批原料10 000千克准备生产成品若干，生产成品后现剩余料件50千克，如要把该批料件转为内销，应如何办理通关手续？

思路：

（1）经商务主管部门同意，取得"加工贸易保税进口料件内销批准证"；

（2）准备申报单证：如货物属于进口许可证件管理的，申报单证应包括进口许可证件；申请内销的剩余料件，如果金额占该加工贸易合同项下实际进口料件总额3%及以下，且总值在人民币1万元及以下的，免于审批，免于交验许可证件。

（3）向海关申请内销补税并按要求补税：按申报数量计征进口税，适用海关接受申报办理纳税手续之日实施的税率。经批准内销的货物应加征缓税利息，起始日期为内销料件所对应的加工贸易合同项下首批料件进口之日。

"内销补税申请书"

四、成品出口报关与后期报核

（一）成品出口

加工贸易成品出口主要去向：

（1）成品出口至境外。

（2）成品出口至海关特殊监管区域、保税监管场所等。

（3）成品深加工结转。深加工结转是指加工贸易企业将保税进口料件加工的产品转至另一加工贸易企业进一步加工后复出口的经营活动，应由转入、转出企业分别向各自主管海关提交深加工结转申请表，并经双方海关核准后进行实际收发货。

（二）填制成品出口报关单

成品出口报关单主要栏目填制如表3－5所示。

表3－5　成品出口报关单主要栏目填制

栏目	规范填写要求
监管方式	进料对口（0615）/来料加工（0214）
征免性质	进料加工（503）/来料加工（502）
备案号	手册编号（C）/手册编号（B）

续表

栏目	规范填写要求
征免	一般填报"全免"，应征收出口税的填报"照章征税"/一般填报"全免"，应征收出口税的填报"照章征税"
项号	手（账）册出口成品项号/手（账）册出口成品项号
最终目的国	成品出口最终目的国/成品出口最终目的国

其他情况：加工贸易成品凭征免税证明转为减免税进口货物的，分别填制进出口报关单，出口报关单填报来料成品减免或进料成品减免，进口报关单按照实际监管方式填报；加工贸易出口成品因故退运进口及复运出口的，填报"来料成品退换"或"进料成品退换"。

（三）企业报核

电子化手册模式：当合同履行完毕且对剩余料件、未出口货物进行处理后，向海关申请核销、结案。核销时间为该合同项下最后一批成品出口之日起或者手册到期之日起30日内向海关报核。

电子账册模式：一般情况下，实行滚动核销形式，核销周期为180天。新监管模式下，企业可根据生产周期自主选择合理的电子账册核销周期，自主选择单耗申报周期和时间。核销周期内，企业采用自主报核方式；对核销周期超过1年的，企业进行年度申报。

 拓展

报核分类

报核分为自主报核、年度申报、补充申报。

企业自主报核是企业自主选择采用单耗、耗料清单和工单等保税进口料件耗用的核算方式，向海关申报当期核算结果，办理核算手续。

年度申报是在新监管模式下，对核销周期超过一年的企业，每年至少向海关申报一次保税料件耗用量等账册数据。

补充申报是在新监管模式下，在账册核销周期结束前，企业对本核销周期内发生的突发问题主动向海关补充申报。

（四）海关核销

海关对报核手册上的数据进行核算，核对企业报核的料件、成品进出口数量与海关底账数据是否相同，核实企业申报的成品单损耗与实际耗用量是否相符，企业内销征税情况与实际内销情况是否一致。

核销时基于具体时间段内所进口的各项保税加工料件的适用、流转、耗损的情况，参照以下平衡关系：

料件总进口数量＝总耗合计＋剩余料件数量＋调出料件数量＋剩余残次品及边角料数量＋内销数量。

其中：调出料件数量＝余料结转数量＋料件复出数量＋料件退换数量＋深加工数量。

根据项目背景完成以下工作任务，案例资料通过扫描下方二维码查阅。

步骤1：手册建立。

步骤2：进口料件和成品出口报关操作。

步骤3：手册报核。

解答1：

（1）准备相应的单据：①报关委托书；②进/出口合同；③加工贸易合同；④备案申请表；⑤进口料件申请备案清单；⑥出口成品申请备案清单；⑦成品对应料件单损耗情况；⑧申报单耗申请审批表。

（2）登入单一窗口的加工贸易手册界面，按提供资料依次填写表头（单耗申报条件代码：报核前）、料件、成品、单损耗情况（单耗申报状态为：未申报）。注意：申报要素应完整。上传的资料包括非结构化（格式选择）进/出口合同（来料提供加工合同）、报核前申请审批表、报关委托书。

（3）打印核对无误后，点击申报，看状态若为转人工，将全部纸质资料交于海关关员审核。

解答2：

（1）进口料件申报：确认该批货物HS编码为8481300000，查询到监管条件为无，检验检疫类别为无，因此在报关时不需要提供外贸管制证件；同时在保税核注清单界面核对数据后，选择生成报关单，点击申报，自动生成进口料件货物报关单。

（2）成品出口报关申报：在办理出口成品报关时，该批成品的HS编码为8708709100，查询该商品的监管条件为：旧机电产品禁止进口、进境检验检疫底账，检验检疫类别为：M进口商品检验。本案例为出口业务，因此不涉及外贸管制要求，在保税核注清单界面核对数据后，选择生成报关单，点击申报，自动生成出口货物报关单。

解答3：

报核：

（1）核对工厂数量合理性：根据进口数量 = 内销数量/余料数量 + 余料结转 + 总耗公式来核对工厂进口的数量是否合理。

（2）交予海关审核相关表格："加工贸易核销申请表"（两种格式）、"进出口明细表"、"报关委托书"。

（3）登入单一窗口的加工贸易手册界面录入表头数据：手册编号、申报单位编码（企业）等；自动提取清单，核对进出口数量（本案例中深加工进口数量、复出口数量、料件销毁数量、边角料数量、料件剩余数量为零，成品深加工出口数量、成品退换进口数量、成品退换出口数量为零）；上传随附单据："非结构化（格式选择）报关委托书"、"进出口明细"（合成一份）、"加工贸易核销申请表"等。

（4）打印填好的资料审核无误后申报，状态为：海关终审通过或转人工审核后，将纸质正本资料递交海关关员审核，状态变为结案后，将结案通知书电子版留底并发送给工厂企业。

项目三

退运货物报关

知识目标

（1）了解退运货物含义与分类；

（2）熟悉各类退运货物的海关监管特点；

（3）熟悉退运货物税收政策。

技能目标

（1）熟练制定各类退运货物通关方案；

（2）能正确整理退运申报单据；

（3）能正确进行退运货物报关单电子数据预录入、复核；

（4）能按照退运货物税收政策开展税收作业实施；

（5）办理放行及后续工作。

素质目标

培养学生具备良好的沟通协调职业能力。

通关流程导读

根据海关总署发布的《报关服务作业规范》（Specification of Services for Customs Brokerage）规定，退运货物报关服务作业流程如图3-8所示。

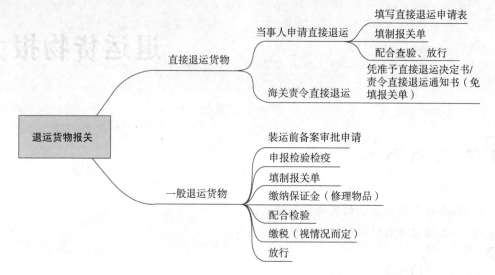

图3-8 退运货物报关服务作业流程

项目导读

苏州某家具有限公司从上海吴淞口岸出口2 000套家具到韩国，已办理退税、核销等手续。货到韩国后因质量不符合进口商要求而被当场全部退运回国内工厂，并在维修后复出口，该批退运货物将运回上海吴淞港。得知这一消息后，该家具有限公司委托江苏通顺报关有限公司代为办理该批货物退运报关手续，具体业务由通顺公司报关员小李办理。

任务1 认识退运货物及分类

一、退运货物含义

退运货物指因质量不良或交货时间延误等原因而被国内外买方拒收，或因错发、错运、溢装、漏卸造成退运的货物。

二、退运货物分类

退运货物分为一般退运进出口货物和直接退运货物。

（一）一般退运进出口货物（海关监管方式代码：4561）

一般退运进出口货物指已经办理进出口申报手续且海关已放行的退运货物（加工贸易

退运货物除外）。造成此类退运的原因主要有品质或规格不符合国际公约、国家标准或原出口合同中有关品质和规格的要求或约定等。

一般退运进出口货物分为退运进口和退运出口两种情况。其中，出口货物退运进口包括出口货物已收汇和未收汇两种情况。

（二）直接退运货物（海关监管方式代码：4500）

直接退运货物分当事人申请直接退运货物和海关责令直接退运货物。申请直退是在载运该批货物的运输工具申报进境后、海关放行货物前，进口货物收发货人、原运输工具负责人或者其代理人（以下统称当事人）以书面形式向货物所在地现场海关提出申请。责令直退是海关根据国家有关规定责令直接退运的货物。

当事人直接退运货物包括以下情况：

（1）因对外贸易管理政策调整，收货人无法提供相应证件的；

（2）错发、误卸或者溢卸的货物；

（3）收发货人双方一致同意退运，能提供双方同意退运的书面证明材料的；

（4）有关贸易发生纠纷，能提供法院判决书、仲裁决定书或无争议的货物所有权凭证的；

（5）货物残损或者国家检验检疫不合格，并能提供相关证明的。

海关责令直接退运货物包括以下情况：

（1）进口国家禁止进口的货物，经海关依法处理后的；

（2）未经许可擅自进口属于限制进口的固体废物，经海关依法处理后的；

（3）违反国家有关法律、行政法规，应当责令直接退运的其他情况。

直接退运和责令退运区别

任务2　一般退运货物报关准备

拓展

一般退运和直接退运的通关操作有哪些区别？

国内某公司进口滤光片 10 000 个（该滤光片主要用于数码相机），在办理进口报关手续之后，该公司发现滤光片存在质量问题，后经双方商议同意退运此批滤光片。

请问：上述退运货物属于哪种类型退运货物？如何对该类退运货物进行通关操作？

一、报关单据准备

一般退运进出口货物报关单据应包括：报关委托书、退运协议、退运情况说明、认定机构鉴定证书（各海关要求有所不同）、包装声明、未退税证明或已补税证明、退运进口的发票、装箱单、换单委托书、船东提单、原出口报关的全套单据、保险公司证明、承运人溢装漏卸证明、海关要求提交的其他单据或资料（如邮件等）和退运报关单。

二、税收政策

（1）因品质或规格原因退运进口的，自出口之日（出口放行）起1年内原状退货（复运进境）的，经海关核实后不予征收进口税；原出口时已征收出口关税，只要重新缴纳因出口而退还的国内环节税的，自缴纳出口税款之日其1年内准予退还。

出口货物非原状退运进境或出口货物原状退运进境但超过1年的，则不能作为一般退运货物通关，而应按照一般贸易进境，且照章征税。

办理退运手续时进境货物的货物形态与原出口的货物形态必须保持一致，未进行任何加工、修理、改装，但经拆箱、检验、安装、调试等仍可视为"原状"，且一般来说保持原状的货物都未被使用，但对于只有经过使用才能发现品质不良的情况除外，由海关审定。

 拓 展

退运货物之"原状复运进出境"

某公司向海关申报进口一批型号为 XTR001 的台式电脑，申报贸易方式为"退运货物"。经查验，海关工作人员发现报关单中关联报关单号下的货物型号为 TYR003，与原型号不符，认定该批货物不符合退运货物申报条件。你是怎么看的？

根据海关总署颁布的《中华人民共和国海关进出口货物征税管理办法》规定：因品质或者规格原因，出口货物自出口放行之日起1年内原状退货复运进境的，纳税义务人在办理进口申报手续时，应当按照规定提交有关单证和证明文件。经海关确认后，对复运进境的原出口货物不予征收进口关税和进口环节海关代征税。非原出口货物退回的，不能享受免税退运进境待遇。所以该批货物因不符合"原状退运进境"这一基本条件而不能适用一般退运货物通关程序。

实际中，退运货物与原进出口货物不一致的情况还包括退运货物包装上生产批号与提供的单证不一致、退运货物铭牌生产日期信息与相关单证不符、进境报关单申报货物数量与退运货物数量不符以及退运货物中夹带未申报的货物等，上述内容也是海关查验的重点。

（2）因品质、规格原因退运出口的，免出口税并在1年内退还已征的进口税。

 法 规 解 读

因新冠肺炎疫情不可抗力出口退运货物税收规定

财政部、海关总署和税务总局联合发布《关于因新冠肺炎疫情不可抗力出口退运货物税收规定的公告》（财政部 海关总署 税务总局公告2020年第41号，以下简称41号公告），明确企业2020年1月1日—12月31日申报出口，因新冠肺炎疫情不可抗力原因，自

出口之日起1年内原状复运进境的货物，不征收进口关税和进口环节增值税、消费税；出口时已征收出口关税的，退还出口关税。

任务3 直接退运货物报关准备

一、报关单据准备

当事人申请直接退运货物报关单据应包括："进口货物直接退运申请书"、"进口货物直接退运表"（见表3-6）、"代理报关委托书"、发票、装箱单、合同等、提货单、经营单位退货报告、退货协议及报关公司报告等证明文书和退运报关单办理手续。

表3-6 进口货物直接退运表

单位名称：	联系人及电话：
日期：	货物进口日期：
货物品名：	数（重）量：
退运数（重）量：	货物查验情况：
货物存放地点：	提/运单号：
是否已向海关申报：	
是否需要许可证件：	
直接退运原因：	
	（单位签章） 年 月 日
备注：	

填表说明：

（1）已经向海关申报的，"是否已向海关申报"栏填写已申报报关单号或转关单号；

（2）需要许可证件的，"是否需要许可证件"栏填写需要许可证件的名称。

由承运人原因造成误卸、错发或者溢卸，经海关批准或者责令直接退运的，凭进口货物"直接退运决定书"或者"责令进口货物直接退运通知书"（见图3-9）向海关办理直接退运手续，免于填制报关单。

经海关批准或者责令直接退运的货物不需要交验进出口许可证件或者其他监管者证件。

中华人民共和国_____海关
责令进口货物直接退运通知书
____关退通〔___〕____号

_____:

　　根据_____的决定（证明文书编号：_____），你（单位）进口的_____
违反了《中华人民共和国海关法》和《中华人民共和国海关进口货物直接退运管理办法》的有关规定，
现责令你（单位）在收到该通知书之日起 1 个月内持有关材料到海关办理该货物的直接退运手续。
　　特此通知。

（印）

年　月　日

图 3－9　责令进口货物直接退运通知书

直接退运报关单据适用的法律规定

　　海关总署令第 217 号《中华人民共和国海关进口货物直接退运管理办法》第四、五条：

　　第四条：办理直接退运手续的进口货物未向海关申报的，当事人应当向海关提交"进口货物直接退运表"以及证明进口实际情况的合同、发票、装箱清单、提运单或者载货清单等相关单证、证明文书，按照本办法第十条的规定填制报关单，办理直接退运的申报手续。

　　第五条：办理直接退运手续的进口货物已向海关申报的，当事人应当向海关提交"进口货物直接退运表"、原报关单或者转关单以及证明进口实际情况的合同、发票、装箱清单、提运单或者载货清单等相关单证、证明文书，先行办理报关单或者转关单删除手续。

二、税收管理

　　经海关批准或者责令直接退运货物免于征收进口环节关税和代征税及滞报金等。

任务4　一般退运和直接退运货物通关比较

一、备案申请与进口检验检疫申报

　　一般退运货物应在装运前，凭装运前检验检疫备案申请以及相关资料向国家商检部门进行备案审批。得到上述备案审批后，通知对方安排装运。

　　待货物进境后，凭进口单证、装运前检验检疫备案批文、原出口报检单据、退货调查审批表向口岸检验检疫部门发送申报信息，并得到商检部门出具的检验检疫证明。

　　直接退运货物无须上述环节。

二、电子申报

（一）一般退运货物电子申报基本要求

收发货人或其代理人应填制退运货物审批表，在得到海关批准后方可报关。出口货物退运进境时应填制一份进口货物报关单，应当与原出口报关单的商品项、名称、规格、型号一一对应。若出口货物部分退运进境，不用另外录入/填制报关单，海关在原出口货物报关单上批注退运的实际数量和金额后退回企业并留存复印件，经核实无误后，验放货物进境。

（二）直接退运货物电子申报基本要求

当事人办理进口货物直接退运手续，除非另有规定外，应当先填写出口货物报关单向海关申报，再填写进口货物报关单，并在进口货物报关单的"关联报关单"栏填报出口货物报关单号。因进口货物收发货人或者承运人的责任造成货物错发、误卸或者溢卸，经海关批准或者责令直接退运的，当事人免于填报报关单，凭准予直接退运决定或者责令直接退运通知书向海关办理直接退运手续。

（三）报关单主要栏填制要求

报关单主要栏填制如表3-7所示。

表3-7　报关单主要栏填制

栏目	一般退运货物	直接退运货物
监管方式	退运货物	直接退运
征免性质	其他法定	不填
征免	全免	全免
备注	关联报关单号（出口报关单号）、退运审批编号、全部以及部分退运原因	退运编号

直接退运和一般退运通关的区别（视频讲解）

任务5　其他类型退运货物及报关

一、退运维修货物

如该退运维修货物已申报办理退税，出口企业应缴回已退税款，纳税人须办理退运手续。同时要报送以下材料：书面报告一份，说明该批退运出口货物的基本情况（包括退运产品名称、数量、单价、金额、出口时间、出口港、运抵国、报关单号以及退运原因）；货物是否已办理退税；货物是否复出口；出口货物报关单（出口退税联）原件及复印件；出口收汇核销单（出口退税专用）原件及复印件；出口货物商业发票原件及复印件等。同时需要缴纳保证金。

二、加工贸易项下退运处理

加工贸易货物退运的，可按以下方式处理：

（一）加工贸易登记手（账）册未核销

加工贸易登记手（账）册未核销的，可按照加工贸易退运货物报关，允许企业凭成品退换合同在同一手册或账册下按"进料成品退换"方式进行管理。

（二）加工贸易登记手（账）册已核销

加工贸易登记手（账）册已核销的，保税货物因质量问题需要退回维修，可以用"修理物品"方式进境，维修好后再出境。保税货物因质量问题、全新未使用过的原状退回，不再办理出境，可用"退运货物（4561）"进境，1年之内的征免为"全免"，超过1年的，征免为"照章征税"。

问题1：本章"项目背景"属于哪种类型退运货物？应准备哪些报关单据？

问题2：如何填报该笔货物退运进境报关单？

操作：请设计该笔退运货物进境通关流程。

解析：

解答1：苏州某家具有限公司出口的2 000套家具到韩国，已办理出口退税、核销等手续。后因质量不符合进口商要求而被全部退运回国内，属于一般退运货物（已收汇）。

在通关单证准备时应注意：除了退运协议、退运申请、进出口报关单、原进出口报关单以及海运提单、发票、装箱单、提货单、报关委托书等基本报关单据外，还应提供以下单据：

（1）由于造成该批家具退运的原因是质量纠纷，因此需提供国外质量检验证明。

（2）由于该批家具出口已收汇、享受出口退税政策，因此需提供出口收汇核销单（出口退税专用联）、出口商品退运已补税证明等。

解答2：退运货物应填写报关单如实向海关申报，且应当与原出口报关单的商品项一一对应，并详细申报其名称、规格、型号。但在申请直退情况下，错发、误卸或者溢卸货物，经海关批准直接退运的货物可免填报关单。

在本项目中，该批退运货物应填报关单。报关员小李应根据《中华人民共和国海关进出口货物报关单填制规范》录入/填制报关单草单，各主要栏目如下（与一般进出口货物报关单要求一致的栏目不再累述）：

（1）进口口岸：按照退运货物报关要求，退运货物应从原进口或出口口岸进出境。本案中，实际进出境地和原进出口口岸一致，均为上海吴淞口岸。在本案中，应填"吴淞海关2202"。

（2）监管方式：包括一般贸易（0110）、来料加工（0214）、进料对口（0615）等。在本案中，应填"退运货物（4561）"。

（3）征免性质：在本项目中，应填"其他法定299"。

（4）标记唛码及备注：在退运情况下，"标记唛码及备注"栏目应填原进出口报关单号、准予"直接退运决定书"或者"责令直接退运通知书"的编号、核销单号，说明是部分退运还是全部退运以及退运原因。在本项目中，应填原出口报关单号、检验证书号、退运审批编号以及全部退运原因。

（5）征免：在本项目中，应填"全免"。

（6）原产国：在本项目中，应填"中国142"。

（7）用途：在本项目中，应填"其他11"。

解答3：通关方案设计。

（1）确定申报时间、地点。根据海关规定，退运货物申报时间为出口货物自出口放行之日起1年内。退运货物申报地点原则上为原出口口岸。结合本案例，退运货物申报时间是自运输工具进境之次日起14天内，申报地点是上海吴淞海关。

（2）录入/填制报关单，上传报关资料（不赘述）。

（3）缴纳保证金。针对退运货物返修并再次出境的情况，根据海关规定，进出口收发货人还应缴纳保证金，且返修的货物必须在6个月内再出口。在本项目中，该家具有限公司应向海关缴纳保证金。

（4）配合查验。海关对退运进出境货物实行百分之百查验。应保持退运进境货物包装的完整性、原始性。

查验程序见前面章节。

（5）缴税。海关规定，因品质或规格原因退运进口的，自出口之日（出口放行）起1年内原状退货（复运进境）的，不征进口税，但需要重新缴纳因出口而退还的国内环节税；在1年内退还原缴纳的出口税。出口货物非原状退运或出口货物原状退运但超过1年的，则不能作为一般退运货物通关且应照章征税。因品质、规格原因退运出口的，免出口税并在1年内退还已征的进口税。

从本案例来看，该批家具因品质问题在1年内原状退运进境，适用上述税收政策，重新缴纳因出口而退还的国内环节税，且不征收进口税。

（6）放行及后续。原出口时缴过关税的，办理关税退还手续。

 关务建议

货物退运会增加企业额外成本，形成不良的海关记录，也影响了口岸通关效率，因此广大进出口商应认真学习国际公约、贸易国相关法律规定，不折不扣地履行合同，尽可能减少因为退运产生的损失；同时出口退运返修再出口的货物也可选择进入保税物流园区、保税区仓库退运返修，这样做既可简化企业报关手续、降低成本，又可以享受保税物流园区的优惠政策。

从本项目的案例来看，可先将货物运送至上海外高桥保税区，由厂方安排技术人员进区维修，完毕后再出口。这样可以减少退运报关手续，且无须缴纳保证金。

小贴士：退运货物需满足以下条件才能进入保税区等：

①货物必须是九成新以上，每个产品有独立完整的包装。

②退运是因产品质量问题，不能是以翻新为目的。

③外包装上面必须标明原产国，即非中性包装。

④维修完的零部件不能再带进国内。

特定减免税货物报关

(1) 了解关税减免及关于特定减免税货物的基本法律依据；

(2) 熟悉特定减免税货物监管的基本特点；

(3) 了解特定减免税货物后续处置途径。

(1) 能制定特定减免税货物基本通关方案；

(2) 能处置特定减免税货物监管过程中的问题。

培养学生依法办事的法律意识和良好的沟通能力。

国内 A 地某公司持"进出口货物征免税证明"申报免税进口混凝土泵车、混凝土搅拌车等，车辆进口后因场地建设尚未到位、施工资质证书未领取等原因，该公司径自决定将上述设备存放在 B 地其他公司并供该公司使用。后海关核实认定当事人未经海关许可，将特定减免税进口的货物交由他人使用，构成擅自将海关监管货物移做他用的违法操作，遂作出相应的行政处罚。

通 关 流 程 导 读

特定减免税货物报关流程如图 3 – 10 所示。

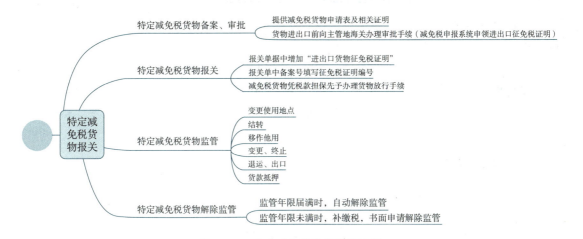

图 3 – 10　特定减免税货物报关流程

任务1　认识特定减免税货物

一、特定减免税货物及范围

减免税货物按照《中华人民共和国海关法》、《中华人民共和国进出口关税条例》、"涉关进出口税则"和国务院发布的减免税规定对进出口货物实施的税收优惠,在货物进出口时海关依照规定免征或减征有关税收的货物。

减免税货物属于政策性减免,是根据国家政治、经济政策的需要,经国务院批准,对特定地区、特定企业或有特定用途的进出口货物,给予减免进出口税收的优惠政策,包括基于特定目的实行的临时减免税政策。

适用特定减免税范围:

特定地区指享受减免税优惠的货物只能在法律规定的特定区域内使用;

特定用途指享受减免税优惠的货物只能用于法律规定的特定用途;

特定企业指享受减免税优惠的货物只能在法律规定的特定企业使用。

二、减免税货物监管特点

(1)纳税义务人必须在货物进出口前办理减免税审批手续。

(2)政策性减免税货物放行后,在其监管年限内应当接受海关监管,未经海关核准并缴纳关税,不得移作他用。

(3)可以在两个享受同等税收优惠待遇的单位之间转让并无须补税。

减免税货物凭税款担保先予办理货物放行手续

（1）减免税申请人应当在货物申报进口前向主管海关办理有关货物凭税款担保先予办理货物放行手续。

（2）主管海关发放"税款担保通知书"，并将电子数据传输到申报地海关。

（3）申报地海关根据电子数据，凭减免税申请人提交的符合规定的财产、权利放行。其中财产、权利包括人民币、可自由兑换货币、汇票、本票、支票、债券、存单、银行或非银行机构出具的保函及其他经海关认可的财产、权利。

三、进口减免税货物的监管年限

（1）船舶、飞机：8 年；

（2）机动车辆：6 年；

（3）其他货物：3 年。

任务2　特定减免税货物备案和审批

一、备案

减免税申请人按照有关进出口税收优惠政策的规定申请减免税进出口相关货物，应当提供"进出口货物征免税申请表"（见表 3－8）、企业营业执照或事业单位法人证书、国家机关设立文件、社团登记证书、基金会登记证书、按照有关政策规定的享受进出口税收优惠政策资格的证明材料，交验原件、提交复印件向主管海关申请办理减免税备案。

表 3－8　进出口货物征免税申请表

减免税申请人 海关注册编码/统一社会信用代码	减免税申请人种类　种类代码		减免税申请人市场主体类型	减免税申请人市场主体代码
收发货人 海关注册编码/统一社会信用代码	受委托人 海关注册编码/统一社会信用代码		减免税申请人所在地	
是否已递交《减免税货物使用状况报告书》□需要递交，已经递交　暂未递交　□无需报告　征免性质/代码			□需要递交，暂未递交	
项目信息、编号	注册资本	注册资本币制	项目名称	
项目主管部门/代码	项目性质/代码	项目批文号	产业政策条目/代码	

续表

境外投资者		外方国别		投资比例		项目所在地	
立项日期		开始日期		结束日期		减免税程度 （数量）	
投资总额		币制		用汇额度 （美元）		减免税额度 （美元）	
项目信息 备注							
申报地海关 /代码		进（出）口岸		合同协议号		政策依据	
成交方式		免税物资 确认表		确认表有效期		免税物资 主管单位	
是否已 申报进口	□是　□否		报关单编号：（已申报进口货物填写）				
使用地点							

顺号	商品编号	商品名称	规格型号	申报数量	申报计量单位	总价	币制	原产国（地区）
1								
2								
3								
4								

商品信息备注								
联系人	我公司（单位）承诺向海关所提交的申请材料以及本表所填报内容真实、准确、完整，并对其承担相应的法律责任。减免税申请人（签章）：							
电话	年　月　日							

二、审批

减免税货物审批：减免税申请人应当在货物申报进出口前，向主管海关申请办理进出口货物减免税审批手续，并提交相应材料：

（1）"进出口货物征免税申请表"；

（2）企业营业执照；

（3）进出口合同、发票以及相关货物的产品情况资料；

（4）相关政策规定的享受进出口税收优惠政策资格的证明材料，获得海关签发"中华人民共和国海关进出口货物征免税证明"（以下简称"征免税证明"）。

收发货人或受委托的报关企业在申报进口"征免税证明"所列货物时，在减免税申报系统申请办理减免税手续并通过了海关审核的，无须提交纸质"征免税证明"或其扫描件。如果"征免税证明"电子数据与申报数据不一致，海关需要验核纸质单证的，有关企业应予以提供。

纸质征免税证明样表如表3-9所示。

表3-9 中华人民共和国海关进出口货物征免税证明

编号：

减免税申请人：		征免性质/代码：		审批依据：				
发证日期： 年 月 日		有效期： 至 年 月 日止						
到货口岸：		合同号：		项目性质：				
序号	货名	规格	税号	数量	单位	金额	币制	主管海关审批 征免意见
								关税 / 增值税 / 其他
1								
2								
3								
4								
5								
备注								

审批海关签章：	核放海关批注：	注意事项及权利义务提示：
		1. 本证明使用一次有效。同一合同项下货物分口岸进口或分批到货的，应向审批海关申明，并按到货口岸、到货日期分别申请此证明。
		2. 货物进口时应向海关交验本证明，复印件无效。
		3. 本证明有效期应按照具体政策规定填写，但最长不得超过半年；如需延期，应在有效期内向原审批海关提出延期申请。
		4. 规定由海关监管使用的减免税货物，在海关监管年限内，减免税申请人应按照特定用途、特定企业、特定地区使用；未经海关许可，不得擅自转让、抵押、质押、移作他用或者进行其他处置，否则，海关将依法处理。
负责人： 年 月 日	负责人： 年 月 日	5. 如不服本证明决定，依照《中华人民共和国行政复议法》第九条、第十二条、第十六条，《中华人民共和国海关法》第六十四条之规定，可以在本证明送达之日起六十日内向上一级海关（海关总署）申请行政复议，对复议决定仍不服的，依照《中华人民共和国行政诉讼法》第三十八条第二款之规定，可以自收到复议决定书之日起十五日内，向人民法院提起诉讼

拓 展

"中华人民共和国海关进出口货物征免税证明"使用

"中华人民共和国海关进出口货物征免税证明"使用一次有效，即一份征免税证明上的货物只能在一个进口口岸一次性进口。如果同一合同项下的货物分口岸或分批到货，应向审批海关申明，并按到货口岸、到货日期分别申领征免税证明。

除国家政策调整等原因并经海关总署批准外，货物征税放行后，减免税申请人申请补办减免税审批手续的，海关不予受理。

任务 3　特定减免税货物报关和监管

一、报关

特定减免税货物报关流程和一般进出口货物报关相似，除了提交报关单及相关单据外，还应当向海关提交"征免税证明"。另外，收发货人或受委托的报关企业应按规定将"征免税证明"编号填写在进口货物报关单"备案号"栏目中。

二、监管

在海关监管年限内，减免税货物应当在主管海关核准的地点适用。需要变更适用地点的，减免税申请人应当向主管海关提出申请，说明理由，经海关批准后方可变更适用地点。

（一）结转

海关监管年限内，减免税申请人将进口减免税货物转让给进口同一货物享受同等减免税优惠待遇的其他单位的，应当按照下列规定办理减免税货物结转手续。

（1）减免税货物的转出申请人凭有关单证向转出地主管海关提出申请，转出地主管海关审核同意后，通知转入地主管海关。

（2）减免税货物的转入申请人向转入地主管海关申请办理减免税审批手续，转入地主管海关审核同意后，签发"征免税证明"。

（3）转出、转入减免税货物的申请人应当分别向各自的主管海关申请办理减免税货物的出口、进口报关手续。

（4）转出地主管海关办理转出减免税货物的解除监管手续。

（二）移作他用

在海关监管年限内，减免税申请人需要将减免税货物移作他用时，应当事先向主管海关提出申请。经海关批准，减免税申请人可以按照海关批准的使用地区、用途、企业将减免税货物移作他用。

移作他用主要包括以下情形：

（1）将减免税货物交给减免税申请人以外的其他单位使用。

（2）未按照原定用途、地区使用减免税货物。

（3）未按照特定地区、特定企业或特定用途使用减免税货物的其他情形。

（三）变更、终止

在海关监管年限内，减免税申请人发生分立、合并、股东变更、改制等变更情形的，权利义务承受人应当自营业执照颁发之日起 30 日内，向原减免税申请人的主管海关报告主体变更情况及原减免税申请人进口减免税货物的情况。

经海关审核，需要补征税款的，承受人应当向原减免税申请人主管海关办理补税手续；可以继续享受减免税待遇的，承受人应当按照规定申请办理减免税备案变更或减免税货物结转手续。

（四）退运、出口

在海关监管年限内，减免税申请人要求将进口减免税货物退运出境或出口的，应当报主管海关核准。

减免税货物退运出境或出口后，减免税申请人应当凭出口货物报关单向主管海关办理原进口减免税货物的解除监管手续。

减免税货物退运出境或出口的，海关不再对退运出境或出口的减免税货物补征相关税款。

（五）贷款抵押

在海关监管年限内，减免税申请人要求以减免税货物向金融机构办理贷款抵押的，应当向主管海关提出申请，经审核符合有关规定的，主管海关可以批准其办理贷款抵押手续。

任务4　特定减免税货物解除监管

减免税货物的监管解除包括监管年限到期和未到期两种情况：

减免税货物海关监管年限届满时，自动解除监管。减免税申请人可以不用向海关申领领取"中华人民共和国进口减免税货物解除监管证明"。减免税申请人需要海关出具解除监管证明的，可以自办结补缴税款和解除监管等相关手续之日或自海关监管年限届满之日起1年内，向主管海关申领解除监管证明。海关审核同意后出具"中华人民共和国进口减免税货物解除监管证明"。

在海关监管年限内的进口减免税货物，减免税申请人书面申请解除监管的，应当向主管海关申请办理补缴税款和解除监管手续。按照国家有关规定在进口时免于提交许可证件的进口减免税货物，减免税申请人还应当补交有关许可证件。

减免税货物监管相关单据

跨境电商 B2C 一般进出口报关

知识目标

(1) 了解跨境电商 B2C 出口的常见通关模式;

(2) 了解跨境电商 B2C 一般出口通关要点;

(3) 了解"三单"数据申报及传送。

技能目标

(1) 熟练制定跨境电商 B2C 一般出口通关方案;

(2) 能正确满足"清单核放,汇总申报"通关要求;

(3) 能完成跨境电商税收工作;

(4) 能完成放行后续工作。

素质目标

(1) 培养学生具备政策学习与应用的素养;

(2) 培养学生具备良好的沟通协调职业能力;

(3) 培养学生规范报关、严谨细致的工作作风。

背景导入

　　跨境电商是指分属不同关境的交易主体,通过电子商务平台达成交易、进行支付结算,并通过跨境物流送达商品、完成交易的一种国际商业活动。2015—2018 年全国共设立 35 个跨境电商综合试验区(简称跨境电商综试区),设立线上"单一窗口"和线下"综合园区"两个平台,打造跨境电子商务完整产业链和生态圈。2016 年,财政部、海关总署、国家税务总局联合下发《关于跨境电子商务零售进口税收政策的通知》,2016 年 4 月,财政部、国家发改委、商务部、海关总署、国家税务总局等 11 部委联合发布"跨境电子商务零售进口商品清单",先后明确了税收政策和通关政策。经过多年的发展,我国跨境电商已经日趋成熟。跨境电商通常分为跨境电商 B2B 和跨境电商 B2C,本项目专题主要介绍跨境电商 B2C 和跨境电商 B2C 一般进出口通关模式。

通关流程导读

跨境电商一般进出口通关流程如图 3-11 所示。

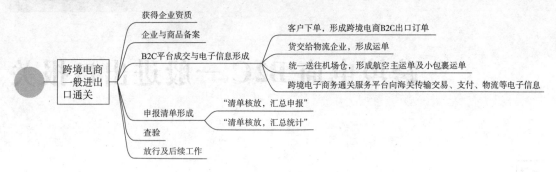

图 3-11　跨境电商一般进出口通关流程

任务1　认识跨境电商 B2C

跨境电商 B2C 出口贸易是指电子商务企业、个人通过电子商务交易平台实现零售进出口商品交易的跨境零售贸易。其通关模式包括两种情况。

一、一般出口模式

一般出口模式指跨境电商或其代理人按照监管方式代码为 9610 的政策规定办理出口通关手续，采用"清单核放，汇总申报"的方式，以邮政、快件方式分批运送，海关凭清单核放出境，将已核放清单数据汇总形成出口报关单，电商企业凭此办理结汇、退税手续。

二、特殊区域出口模式

电商企业把商品按照一般贸易报关进入海关特殊监管区域，境外网购后，海关凭清单核放，由邮递企业分送出区离境，将已放行清单归并成出口报关单，凭此办理结汇手续。

任务2　跨境电商 B2C 一般出口通关

一、获得企业资质

跨境电子商务平台企业、物流企业、支付企业等参与跨境电子商务零售进出口业务的企业，向所在地海关申请注册登记，以获得报关企业资质；境外电子商务企业委托境内代理人向代理人所在地海关办理注册登记。

向所在地海关申请注册时，应提交如下材料：

"企业法人营业制造"副本复印件；

"组织机构代码证"副本复印件；

"企业情况登记表"。

二、企业与商品备案

在获得企业资质后，跨境电商企业应登录电子口岸网站，注册为企业用户，完成电子口岸注册登记后，企业登录跨境电子商务通关服务平台进行企业备案与商品备案。

三、B2C 平台成交与电子信息形成

企业在电商平台上将通过海关预归类审批的商品上架展示，通过以下步骤实现三单合一：

（1）国外消费者在电商平台下单，完成支付后形成跨境电商 B2C 出口订单；

（2）跨境电商企业将商品交给物流企业，形成运单；

（3）物流企业将货物集中后运至指定监管区域（国际邮政、国际机场、指定跨境园区），统一送往机场仓，形成航空主运单及小包裹运单；

（4）跨境电子商务零售进出口商品申报前，跨境电子商务平台企业或其代理人、支付企业、物流企业应分别通过国际贸易"单一窗口"或跨境电子商务通关服务平台向海关传输交易、支付、物流等电子信息（订单、支付单、运单合称三单）。

四、"申报清单"形成

跨境电商通关服务平台根据电商平台的订单信息生成中华人民共和国海关跨境电子商务零售进出口商品申报清单（简称"申报清单"），并将对应的订单和运单作为随附单据信息。报关单位以此逐项、逐批向海关申报，跨境电子商务企业境内代理人或其委托的报关企业应提交"申报清单"，即"采取"清单核放，汇总申报"方式办理报关手续（跨境综试区内符合条件的跨境电商零售商品出口，则采取"清单核放，汇总统计"方式报关）。

五、查验

海关对根据商品质量安全的风险程度进行抽查。海关实施查验时，跨境电子商务企业或其代理人、跨境电子商务监管作业场所经营人、仓储企业应当按照有关规定提供便利，配合海关查验。

六、税费征收

跨境电商零售出口商品：如果跨境电商企业无须退税，海关直接按清单核放；如需退税，需要退税的电商企业要在海关放行货物后一个月内进行汇总申报。特殊情况需延期报关的，需经海关同意。延期最长不得超过 3 个月，超过 3 个月未形成报关单申报的清单，不再办理报关手续。代理报关企业每月汇总上月清单数据集中向海关汇总申报，生成报关单，通过系统申报。

具体税费征收参照"基本技能篇"。

七、放行及后续工作

放行同一般进出口通关流程。放行后，报关企业向海关申请签发报关单出口退税证明联。

跨境电商进口清单

市场采购货物报关

知识目标

（1）熟悉市场采购货物海关监管特点；
（2）了解"采购地申报，口岸验放"的通关一体化模式。

技能目标

（1）能制定市场采购货物通关方案；
（2）能开展市场采购货物报关。

素质目标

（1）培养学生具备较强的政策学习能力；
（2）培养学生具备良好的沟通协调职业能力。

背景导入

市场采购贸易自2014年11月在浙江义乌落地实施以来，经过5年多的试点实践，已在全国31个市场集聚区复制推广，2020年9月，商务部再次扩大市场采购贸易试点范围，共有17个市场获批，至此，全国在15个省区分布了31个市场采购贸易试点。通过"制度创新、监管创新、服务创新"解决"多品种、多批次、小批量"商品出口的问题，也为小微企业和个体户搭建外贸平台。市场采购贸易监管通关有哪些特点呢？

通关流程导读

市场采购货物报关流程如图3-12所示。

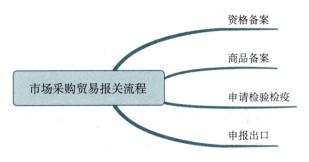

图3-12　市场采购货物报关流程

任务1　认识市场采购贸易

一、市场采购贸易的含义

市场采购贸易（海关监管代码：1039）是指由符合条件的经营者在经国家商务主管等部门认定的市场集聚区内采购、单票报关单商品货值最高限额15万美元并在采购地办理出口商品通关手续的贸易方式。

市场采购贸易优势解读

市场采购贸易可以较好地解决"多品种，多批次，小批量"商品出口的问题，为不具备国际贸易能力的小微企业和个体户搭建了与国际买家做生意的桥梁。具体可以归纳为以下三点：

一是免征增值税，市场集聚区内经营户以市场采购贸易出口的货物，实行增值税免税政策；

二是解决市场商户"单小、货杂、品种多"的无票出口贸易，中小微个体商户均可参与外贸出口，激发市场活力。

三是通关便利，每票报关单所对应的商品清单在五种以上的可实行简化申报，市场采购贸易可采用一体化模式通关。

二、市场采购贸易的通关模式与适用对象

（一）市场采购贸易适用对象

以下情况不适用市场采购贸易：

（1）国家禁止或限制出口的商品；

（2）未经市场采购商品认定体系确认的商品；

（3）贸易管制主管部门确定的其他不适用市场采购贸易方式的商品。

（二）采用"采购地申报，口岸验放"的通关一体化模式

"采购地申报、口岸验放"的一体化通关监管模式下，企业可以直接将采购货物发运至

港口，然后在采购地海关按照市场采购贸易方式进行申报出口，这种模式可以降低企业备货和出口成本。

 拓 展

"采购地申报，口岸验放"通关一体化模式

2020年10月29日，山东临沂某国际贸易有限公司代理出口到韩国的一批塑料制品、化纤制品等货物，以市场采购贸易方式，在山东临沂市场采购联网信息平台完成申报后，通过山东国际贸易"单一窗口"完成通关手续，最终货物通过江苏连云港口岸出境。这是山东市场采购贸易方式首次适用全国通关一体化模式，通过省外口岸实现货物出境。

在未实现全国通关一体化时，该公司以市场采购贸易方式出口的货物都是从山东青岛港离境。对于部分货物来说，考虑货物采购地、目的地及外贸航线等因素，通过省外口岸离境更符合物流操作实际，也更能节省企业成本。一般情况下，货物从临沂报关后，一个标箱运往青岛港费用是2 200元左右，而运往连云港费用是1 800元左右，这样就能节省400元。

（案例来源：中华人民共和国青岛海关网站：http：//harbin. customs. gov. cn/qingdao_customs/406496/406497/3357951/index. htm）

任务2　市场采购贸易通关

一、资格备案

从事市场采购贸易的对外贸易经营者，应当向市场集聚区所在地商务主管部门办理市场采购贸易经营者备案登记，并按照海关相关规定在海关办理进出口货物收发货人备案。企业可采用"多证合一"方式或通过"单一窗口""互联网＋海关"办理进出口货物收发货人备案。

二、商品备案

实现市场综合管理系统与海关的数据联网共享，经市场综合管理系统确认后，海关将按照市场采购贸易方式对相应货物实施监管。

三、申请检验检疫

需在采购地实施检验检疫的市场采购贸易出口商品，其对外贸易经营者应建立合格供方、商品质量检查验收、商品溯源等管理制度，获取经营场所、仓储场所等相关信息，向采购地海关申请检验检疫。

四、申报出口

市场采购贸易出口商品应当在采购地海关申报，经市场采购商品认定体系确认后，由系统生成报关数据并向"单一窗口"发送申报。

以下情况可以申请简化申报：

（1）货值最大的前 5 种商品，按货值从高到低在出口报关单上逐项申报；

（2）其余商品以《中华人民共和国进出口税则》中"章"为单位进行归并，每"章"按价值最大商品的税号作为归并后的税号，货值、数量等也相应归并。

（3）申报时免去采购人身份信息、装箱清单、商品交易原始单据、采购人身份证件复印件等资料。

对于需征收出口关税、实施检验检疫的以及海关另有规定的货物则不适用简化申报。

附　录

附录 1　报关单格式

报关单格式范例参照附表 1、附表 2。

附表 1　中华人民共和国海关出口货物报关单
（申报地海关）

预录入编号：　　　　海关编号：　　　　　　　　　　　　　　　　页码/页数：

境内发货人		出境关别		出口日期		申报日期		备案号
境外收货人		运输方式		运输工具名称及航次号			提运单号	
生产销售单位		监管方式		征免性质			许可证号	
合同协议号		贸易国（地区）		运抵国（地区）		指运港		离境
包装种类	件数	毛重（千克）	净重（千克）	成交方式		运费	保费	杂费

随附单证

随附单证 1：　随附单证 2：

标记唛码及备注

项号	商品编号	商品名称及规格型号	数量及单位	单价/总价/币制	原产国（地区）	最终目的国（地区）	境内货源地征免

特殊关系确认：　价格影响确认：　支付特许权使用费确认：　公式定价确认：　暂定价格确认：　自报自缴：

申报人员　申报人员证号　电话　兹声明对以上内容承担如实申报、依法纳税之法律责任　海关批注及签章

申报单位（签章）

附表 2 中华人民共和国海关进口货物报关单

（申报地海关）

预录入编号： 海关编号： 页码/页数

境内收货人		进境关别		申报日期		备案号	
境外发货人		运输方式	运输工具名称及航次号	提运单号		货物存放地点	
消费使用单位		监管方式	征免性质	许可证号		启运港	
合同协议号		贸易国（地区）	启运国（地区）	经停港		入境口岸	
包装种类	件数	毛重（千克）	净重（千克）	成交方式	运费	保费	杂费

随附单证
随附单证 1： 随附单证 2：

标记唛码及备注

项号	商品编号	商品名称、规格型号	数量及单位	单价/总价/币制	原产国（地区）	最终目的国（地区）	境内目的地征免	

特殊关系确认： 价格影响确认： 支付特许权使用费确认： 公式定价确认： 暂定价格确认： 自报自缴：

申报人员 申报人员证号 电话 兹声明对以上内容承担如实申报、依法纳税之法律责任 海关批注及签章
申报单位（签章）

附录2 海关总署公告关于实施《中华人民共和国海关企业信用管理办法》有关事项的公告（2018 年第 178 号）

为落实国家"放管服"改革工作部署，积极推进全国通关一体化关检业务深度融合，整合优化海关企业信用管理制度，现就实施《中华人民共和国海关企业信用管理办法》（海关总署令第 237 号，以下简称《信用办法》）有关事项公告如下：

一、除《信用办法》第六条规定情形外，海关还可采集能够反映企业信用状况下列信息：

（一）企业产品检验检疫合格率、国外通报、退运、召回、索赔等情况；

（二）因虚假申报导致进口方原产地证书核查，骗取、伪造、变造、买卖或者盗窃出口货物原产地证书等情况。

二、除《信用办法》第十二条第一款规定的情形外，企业有违反国境卫生检疫、进出境动植物检疫、进出口食品化妆品安全、进出口商品检验规定被追究刑事责任的，海关认定为失信企业。

三、除《信用办法》第十七条第一款规定的情形外，企业在申请认证期间，涉嫌违反国境卫生检疫、进出境动植物检疫、进出口食品化妆品安全、进出口商品检验规定被刑事立案的，海关应当终止认证。

四、除《信用办法》第二十三条规定的情形外，一般认证企业还适用下列管理措施：

（一）进出口货物平均检验检疫抽批比例在一般信用企业平均抽批比例的 50% 以下（法律、行政法规、规章或者海关有特殊要求的除外）；

（二）出口货物原产地调查平均抽查比例在一般信用企业平均抽查比例的 50% 以下；

（三）优先办理海关注册登记或者备案以及相关业务手续，除首次注册登记或者备案以及有特殊要求外，海关可以实行容缺受理或者采信企业自主声明，免于实地验核或者评审。

五、除《信用办法》第二十四条规定的情形外，高级认证企业还适用下列管理措施：

（一）进出口货物平均检验检疫抽批比例在一般信用企业平均抽批比例的 20% 以下（法律、行政法规、规章或者海关有特殊要求的除外）；

（二）出口货物原产地调查平均抽查比例在一般信用企业平均抽查比例的 20% 以下；

（三）优先向其他国家（地区）推荐食品、化妆品等出口企业的注册。

六、除《信用办法》第二十五条规定的情形外，失信企业还适用进出口货物平均检验检疫抽批比例在 80% 以上的管理措施。

七、除《信用办法》第二十七条规定的情形外，认证企业涉嫌违反国境卫生检疫、进出境动植物检疫、进出口食品化妆品安全、进出口商品检验规定被刑事立案的，海关应当暂停适用相应管理措施。

八、海关注册登记或者备案的非企业性质的法人和非法人组织及其相关人员信用信息的采集、公示，信用状况的认定、管理等比照《信用办法》实施。

九、企业主动披露且被海关处以警告或者 50 万元以下罚款的行为，不作为海关认定企业信用状况的记录。

特此公告。

海关总署
2018 年 11 月 27 日

附录 3　中华人民共和国海关总署公告 2019 年第 58 号

为做好特许权使用费申报纳税工作，现就特许权使用费申报纳税手续有关事项公告如下：

一、本公告所称特许权使用费是指《中华人民共和国海关审定进出口货物完税价格办法》（海关总署令第 213 号公布，以下简称《审价办法》）第五十一条所规定的特许权使用费；应税特许权使用费是指按照《审价办法》第十一条、第十三条和第十四条规定，应计入完税价格的特许权使用费。

二、纳税义务人在填制报关单时，应当在"支付特许权使用费确认"栏目填报确认是否存在应税特许权使用费。出口货物、加工贸易及保税监管货物（内销保税货物除外）免予填报。

对于存在需向卖方或者有关方直接或者间接支付与进口货物有关的应税特许权使用费的，无论是否已包含在进口货物实付、应付价格中，都应在"支付特许权使用费确认"栏目填报"是"。

对于不存在向卖方或者有关方直接或者间接支付与进口货物有关的应税特许权使用费的，在"支付特许权使用费确认"栏目填报"否"。

三、纳税义务人在货物申报进口时已支付应税特许权使用费的，已支付的金额应填报在报关单"杂费"栏目，无须填报在"总价"栏目。海关按照接受货物申报进口之日适用的税率、计征汇率，对特许权使用费征收税款。

四、纳税义务人在货物申报进口时未支付应税特许权使用费的，应在每次支付后的 30 日内向海关办理申报纳税手续，并填写《应税特许权使用费申报表》。报关单"监管方式"栏目填报"特许权使用费后续征税"（代码 9500），"商品名称"栏目填报原进口货物名称，"商品编码"栏目填报原进口货物编码，"法定数量"栏目填报"0.1"，"总价"栏目填报每次支付的应税特许权使用费金额，"毛重"和"净重"栏目填报"1"。附表 3 所示为应税特许权使用费申报表填报说明。

海关按照接受纳税义务人办理特许权使用费申报纳税手续之日货物适用的税率、计征汇率，对特许权使用费征收税款。

五、因纳税义务人未按照本公告第二条规定填报"支付特许权使用费确认"栏目造成少征或漏征税款的，海关可以自缴纳税款或者货物放行之日起至海关发现违反规定行为之日止，按日加收少征或者漏征税款万分之五的滞纳金。

纳税义务人按照本公告第二条规定填报，但未按照本公告第四条规定期限向海关办理特许权使用费申报纳税手续造成少征或者漏征税款的，海关可以自其应办理申报纳税手续期限届满之日起至办理申报纳税手续之日或海关发现违反规定行为之日止，按日加收少征或者漏征税款万分之五的滞纳金。

对于税款滞纳金减免有关事宜，按照海关总署 2015 年第 27 号公告和海关总署 2017 年第 32 号公告的有关规定办理。

六、本公告自 2019 年 5 月 1 日起实施。海关总署 2019 年第 18 号公告附件《中华人民共和国海关进出口货物报关单填制规范》第四十六条"支付特许权使用费确认"的规定停止执行，按照本公告规定执行。

特此公告。

中华人民共和国海关总署

2019 年 3 月 27 日

附表 3 为应税特许权使用费申报表填报说明。

附表 3　应税特许权使用费申报表填报说明

附件：应税特许权使用费金额	
币制	
应税特许权使用费类型	□专利权或者专有技术使用权　□商标权　□著作权　□分销权、销售权或者其他类似权利
是否已经过海关审查确定	□是　□否
是否已向海关申请价格预裁定	□是　□否
价格预裁定决定书编号	
特许权使用费合同/协议编号	
合同/协议签订时间	
合同/协议起始执行时间	
合同/协议终止时间	
与进口货物有关的特许权许可方或转让方	
与进口货物有关的特许权被许可方或受让方	
应税特许权使用费支付方式	□一次性支付　□定期支付　□其他支付方式
本次支付时间	
定期支付计提周期	____个月
本次支付对应的计提周期起止时间	
随附材料清单（有关材料附后）： □特许权使用费涉及的原进口货物报关单海关编号 □特许权使用费合同/协议　□特许权使用费发票 □特许权使用费支付凭证　□代扣代缴税款纳税凭证　□特许权使用费其他材料	
说明：	

对以上申报内容是否需要海关予以保密？ □是　　□否
兹申明对本申报表各项填报内容及随附材料的真实性和完整性承担法律责任。 申报人：

说明：

一、申报人对特许权使用费合同/协议项下当次支付的应税特许权使用费进行申报。

二、"应税特许权使用费金额"和"币制"栏目为必填项，填写已支付的金额和币制。

三、"应税特许权使用费类型"栏目为必填项。

四、"是否已经过海关审查确定""是否已向海关申请价格预裁定"和"价格预裁定决定书编号"栏目为非必填项。

对于此前已经海关审查确定应税特许权使用费的，申报人应在"是否已经过海关审查确定"栏目中勾选"是"，并在"说明"栏中填写相关情况，同时提供相应资料。

对于此前已向海关申请价格预裁定的，应在"是否已向海关申请价格预裁定"栏目中勾选"是"，并在"说明"栏中填写相关情况，同时提供相应资料。其中，已于此前已获得价格预裁定决定书的，应在"价格预裁定决定书编号"栏目中填写价格预裁定决定书的编号。

不存在上述情形的，相关栏目无须填写。

本次申报如果存在与此前海关审查确定或价格预裁定内容不一致的，申报人应在"说明"栏中说明不一致的有关内容，包括合同、进口商、贸易方式、商品范围及其他不一致的内容。

五、"特许权使用费合同/协议编号""合同/协议签订时间""合同/协议起始执行时间""合同/协议终止时间""与进口货物有关的特许权许可方或转让方"和"与进口货物有关的特许权被许可方或受让方"栏目为必填项。

申报人应填写载明特许权使用费支付条款的合同/协议或特许权使用费合同/协议的起始执行时间和终止时间。如果合同/协议约定为一次性支付特许权使用费，应在"合同/协议终止时间"栏填写与"合同/协议起始执行时间"栏相同的时间；如果合同/协议未明确约定终止时间，"合同/协议终止时间"栏目填写为合同/协议起始执行之日后10年。

六、"应税特许权使用费支付方式"和"本次支付时间"栏目为必填项，"定期支付计提周期"和"本次支付对应的计提周期起止时间"栏目为非必填项。

"应税特许权使用费支付方式"勾选"一次性支付"的，需填写"本次支付时间"栏目，无须填写"定期支付计提周期"和"本次支付对应的计提周期起止时间"栏目。

"应税特许权使用费支付方式"勾选"定期支付"的，需填写"本次支付时间""定期支付计提周期"和"本次支付对应的计提周期起止时间"栏目。其中，"定期支付计提周期"栏按月为单位填写，"本次支付对应的计提周期起止时间"栏填写本次支付对应的合同/协议约定的计提周期起止时间。

"应税特许权使用费支付方式"勾选"其他支付方式"的，需填写"本次支付时间"栏目，无须填写"定期支付计提周期"栏和"本次支付对应的计提周期起止时间"栏，并在"说明"栏中填写相关情况，同时提供相应资料。

七、申报人申报应税特许权使用费，需提供以下材料：

（一）应税特许权使用费涉及的原进口货物报关单海关编号。

1. 当次支付的应税特许权使用费对应单份报关单的，提供原进口货物报关单海关编号；

2. 当次支付的应税特许权使用费对应多份报关单或多项进口货物的，应在随附材料清单中填写与该特许权使用费有关的报关单海关编号及相关货物情况，在"说明"栏填写特许权使用费分摊到相关报关单或相关货物的分摊方法，并提供分摊特许权使用费所使用的会计原则及客观量化的数据资料。

（二）特许权使用费合同/协议、发票、特许权使用费支付凭证。

（三）企业从税务部门获得的代扣代缴税款纳税凭证。

（四）对照《审价办法》第十三条和第十四条的规定，就"特许权使用费是否与进口货物有关"及"特许权使用费的支付是否构成进口货物向中华人民共和国境内销售的条件"提供相关书面说明。

附录4　海关总署关于启用保税核注清单的公告（2018年第23号）

为推进实施以保税核注清单核注账册的管理改革，实现与加工贸易及保税监管企业料号级数据管理有机衔接，海关总署决定全面启用保税核注清单，现就相关事项公告如下：

一、保税核注清单是金关二期保税底账核注的专用单证，属于办理加工贸易及保税监管业务的相关单证。

二、加工贸易及保税监管企业已设立金关二期保税底账的，在办理货物进出境、进出海关特殊监管区域、保税监管场所，以及开展海关特殊监管区域、保税监管场所、加工贸易企业间保税货物流（结）转业务的，相关企业应按照金关二期保税核注清单系统设定的格式和填制要求向海关报送保税核注清单数据信息，再根据实际业务需要办理报关手续（保税核注清单填制规范详见附件）。

三、为简化保税货物报关手续，在金关二期保税核注清单系统启用后，企业办理加工贸易货物余料结转、加工贸易货物销毁（处置后未获得收入）、加工贸易不作价设备结转手续的，可不再办理报关单申报手续；海关特殊监管区域、保税监管场所间或与区（场所）外企业间进出货物的，区（场所）内企业可不再办理备案清单申报手续。

四、企业报送保税核注清单后需要办理报关单（备案清单）申报手续的，报关单（备案清单）申报数据由保税核注清单数据归并生成。

五、海关特殊监管区域、保税监管场所、加工贸易企业间加工贸易及保税货物流转，应先由转入企业报送进口保税核注清单，再由转出企业报送出口保税核注清单。

六、海关接受企业报送保税核注清单后，保税核注清单需要修改或者撤销的，按以下方式处理：

（一）货物进出口报关单（备案清单）需撤销的，其对应的保税核注清单应一并撤销。

（二）保税核注清单无须办理报关单（备案清单）申报或对应报关单（备案清单）尚未申报的，只能申请撤销。

（三）货物进出口报关单（备案清单）修改项目涉及保税核注清单修改的，应先修改清单，确保清单与报关单（备案清单）的一致性。

（四）报关单、保税核注清单修改项目涉及保税底账已备案数据的，应先变更保税底账数据。

（五）保税底账已核销的，保税核注清单不得修改、撤销。

七、海关对保税核注清单数据有布控复核要求的，在办结相关手续前不得修改或者撤销保税核注清单。

八、符合下列条件的保税核注清单商品项可归并为报关单（备案清单）同一商品项：

（一）料号级料件同时满足：10 位商品编码相同；申报计量单位相同；中文商品名称相同；币制相同；原产国相同的可予以归并。其中，根据相关规定可予保税的消耗性物料与其他保税料件不得归并；因管理需要，海关或企业认为需要单列的商品不得归并。

（二）出口成品同时满足：10 位商品编码相同；申报计量单位相同；中文商品名称相同；币制相同；最终目的国相同的可予以归并。其中，出口应税商品不得归并；涉及单耗标准与不涉及单耗标准的料号级成品不得归并；因管理需要，海关或企业认为需要单列的商品不得归并。

本公告自 2018 年 7 月 1 日起实施。7 月 1 日之前，已开展试点的海关可参照本公告执行。

特此公告。

附件：保税核注清单填制规范

海关总署

2018 年 3 月 26 日

附件

保税核注清单填制规范

为规范和统一保税核注清单管理，便利加工贸易及保税监管企业按照规定格式填制和向海关报送保税核注清单数据，特制定本填制规范。

一、预录入编号

本栏目填报核注清单预录入编号，预录入编号由系统根据接受申报的海关确定的规则自动生成。

二、清单编号

本栏目填报海关接受保税核注清单报送时给予保税核注清单的编号，一份保税核注清单对应一个清单编号。

保税核注清单海关编号为 18 位，其中第 1-2 位为 QD，表示核注清单，第 3-6 位为接受申报海关的编号（海关规定的《关区代码表》中相应海关代码），第 7-8 位为海关接受申报的公历年份，第 9 位为进出口标志（"I"为进口，"E"为出口），后 9 位为顺序编号。

三、清单类型

本栏目按照相关保税监管业务类型填报，包括普通清单、分送集报清单、先入区后报关清单、简单加工清单、保税展示交易清单、区内流转清单、异常补录清单等。

四、手（账）册编号

本栏目填报经海关核发的金关工程二期加工贸易及保税监管各类手（账）册的编号。

五、经营企业

本栏目填报手（账）册中经营企业海关编码、经营企业的社会信用代码、经营企业名称。

六、加工企业

本栏目填报手（账）册中加工企业海关编码、加工企业的社会信用代码、加工企业名称，保税监管场所名称（保税物流中心（B型）填报中心内企业名称）。

七、申报单位编码

本栏目填报保税核注清单申报单位海关编码、申报单位社会信用代码、申报单位名称。

八、企业内部编号

本栏目填写保税核注清单的企业内部编号或由系统生成流水号。

九、录入日期

本栏目填写保税核注清单的录入日期，由系统自动生成。

十、清单申报日期

申报日期指海关接受保税核注清单申报数据的日期。

十一、料件、成品标志

本栏目根据保税核注清单中的进出口商品为手（账）册中的料件或成品填写。料件、边角料、物流商品、设备商品填写"I"，成品填写"E"。

十二、监管方式

本栏目按照报关单填制规范要求填写。

特殊情形下填制要求如下：

调整库存核注清单，填写AAAA；设备解除监管核注清单，填写BBBB。

十三、运输方式

本栏目按照报关单填制规范要求填写。

十四、进（出）口口岸

本栏目按照报关单填制规范要求填写。

十五、主管海关

主管海关指手（账）册主管海关。

十六、起运运抵国别

本栏目按照报关单填制规范要求填写。

十七、核扣标志

本栏目填写清单核扣状态。海关接受清单报送后，由系统填写。

十八、清单进出卡口状态

清单进出卡口状态是指特殊监管区域、保税物流中心等货物，进出卡口的状态。海关接受清单报送后，根据关联的核放单过卡情况由系统填写。

十九、申报表编号

本栏目填写经海关备案的深加工结转、不作价设备结转、余料结转、区间流转、分送集报、保税展示交易、简单加工申报表编号。

二十、流转类型

本栏目填写保税货物流（结）转的实际类型。包括：加工贸易深加工结转、加工贸易余料结转、不作价设备结转、区间深加工结转、区间料件结转。

二十一、录入单位

本栏目填写保税核注清单录入单位海关编码、录入单位社会信用代码、录入单位名称。

二十二、报关标志

本栏目由企业根据加工贸易及保税货物是否需要办理报关单（进出境备案清单）申报手续填写。需要报关的填写"报关"，不需要报关的填写"非报关"。

（一）以下货物可填写"非报关"或"报关"。

1. 金关二期手（账）册间余料结转、加工贸易不作价设备结转

2. 加工贸易销毁货物（销毁后无收入）

3. 特殊监管区域、保税监管场所间或与区（场所）外企业间流（结）转货物（减免税设备结转除外）

（二）设备解除监管、库存调整类核注清单必须填写"非报关"。

（三）其余货物必须填写"报关"。

二十三、报关类型

加工贸易及保税货物需要办理报关单（备案清单）申报手续时填写，包括关联报关、对应报关。

（一）"关联报关"适用于特殊监管区域、保税监管场所申报与区（场所）外进出货物，区（场所）外企业使用 H2010 手（账）册或无手（账）册。

（二）特殊区域内企业申报的进出区货物需要由本企业办理报关手续的，填写"对应报关"。

（三）"报关标志"栏可填写"非报关"的货物，如填写"报关"时，本栏目必须填写"对应报关"。

（四）其余货物填写"对应报关"。

二十四、报关单类型

本栏目按照报关单的实际类型填写。

二十五、对应报关单（备案清单）编号

本栏目填写保税核注清单（报关类型为对应报关）对应报关单（备案清单）的海关编号。海关接受报关单申报后，由系统填写。

二十六、对应报关单（备案清单）申报单位

本栏目填写保税核注清单对应的报关单（备案清单）申报单位海关编码、单位名称、社会信用代码。

二十七、关联报关单编号

本栏目填写保税核注清单（报关类型为关联报关）关联报关单的海关编号。海关接受报关单申报后，由系统填写。

二十八、关联清单编号

本栏目填写要求如下：

（一）加工贸易及保税货物流（结）转、不作价设备结转进口保税核注清单编号。

（二）设备解除监管时填写原进口保税核注清单编号。

（三）进口保税核注清单无需填写。

二十九、关联备案编号

本栏目填写要求如下：

加工贸易及保税货物流（结）转保税核注清单本栏目填写对方手（账）册备案号。

三十、关联报关单收发货人

本栏目填写关联报关单收发货人名称、海关编码、社会信用代码。按报关单填制规范要求填写。

三十一、关联报关单消费使用单位/生产销售单位

本栏目填写关联报关单消费使用单位/生产销售单位名称、海关编码、社会信用代码。按报关单填制规范要求填写。

三十二、关联报关单申报单位

本栏目填写关联报关单申报单位名称、海关编码、社会信用代码。

三十三、报关单申报日期

本栏目填写与保税核注清单一一对应的报关单的申报日期。海关接受报关单申报后由系统填写。

三十四、备注（非必填项）

本栏目填报要求如下：

（一）涉及加工贸易货物销毁处置的，填写海关加工贸易货物销毁处置申报表编号。

（二）加工贸易副产品内销，在本栏内填报"加工贸易副产品内销"。

（三）申报时其他必须说明的事项填报在本栏目。

三十五、序号

本栏目填写保税核注清单中商品顺序编号。系统自动生成。

三十六、备案序号

本栏目填写进出口商品在保税底账中的顺序编号。

三十七、商品料号

本栏目填写进出口商品在保税底账中的商品料号级编号。由系统根据保税底账自动填写。

三十八、报关单商品序号

本栏目填写保税核注清单商品项在报关单中的商品顺序编号。

三十九、申报表序号

本栏目填写进出口商品在保税业务申报表商品中的顺序编号。

设备解除监管核注清单，填写原进口核注清单对应的商品序号。

四十、商品编码

本栏目填报的商品编号由10位数字组成。前8位为《中华人民共和国进出口税则》确定的进出口货物的税则序列，同时也是《中华人民共和国海关统计商品目录》确定的商品编码，后2位为符合海关监管要求的附加编号。

加工贸易等已备案的货物，填报的内容必须与备案登记中同项号下货物的商品编码一致，由系统根据备案序号自动填写。

四十一、商品名称、规格型号

按企业管理实际如实填写。

四十二、币制

按报关单填制规范要求填写。

四十三、数量及单位

按照报关单填制规范要求填写。其中第一比例因子、第二比例因子、重量比例因子分别填写申报单位与法定计量单位、第二法定计量单位、重量（千克）的换算关系。非必填项。

四十四、单价、总价

按照报关单填制规范要求填写。

四十五、产销国（地区）

按照报关单填制规范中有关原产国（地区）、最终目的国（地区）要求填写。

四十六、毛重（千克）

本栏目填报进出口货物及其包装材料的重量之和，计量单位为千克，不足一千克的填报为"1"。非必填项。

四十七、净重（千克）

本栏目填报进出口货物的毛重减去外包装材料后的重量，即货物本身的实际重量，计量单位为千克，不足一千克的填报为"1"。非必填项。

四十八、征免规定

本栏目应按照手（账）册中备案的征免规定填报；手（账）册中的征免规定为"保金"或"保函"的，应填报"全免"。

四十九、单耗版本号

本栏目适用加工贸易货物出口保税核注清单。本栏目应与手（账）册中备案的成品单耗版本一致。非必填项。

五十、简单加工保税核注清单成品

该项由简单加工申报表调取，具体字段含义与填制要求与上述字段一致。

附录5　商务部海关总署公告公布出口许可证管理货物目录（2021年）

（商务部　海关总署2020年第71号）

依据《中华人民共和国对外贸易法》《中华人民共和国货物进出口管理条例》《消耗臭氧层物质管理条例》《货物出口许可证管理办法》等法律、行政法规和规章，现公布《出口许可证管理货物目录（2021年)》（以下简称为目录）和有关事项。

一、许可证的申领

（一）2021年实行许可证管理的出口货物为43种，详见目录。对外贸易经营者出口目录内所列货物的，应向商务部或者商务部委托的地方商务主管部门申请取得《中华人民共和国出口许可证》（以下简称出口许可证），凭出口许可证向海关办理通关验放手续。

（二）出口活牛（对港澳）、活猪（对港澳）、活鸡（对香港）、小麦、玉米、大米、小麦粉、玉米粉、大米粉、药料用麻黄草（人工种植）、煤炭、原油、成品油（不含润滑油、润滑脂、润滑油基础油）、锯材、棉花的，凭配额证明文件申领出口许可证；出口甘草及甘草制品、蔺草及蔺草制品的，凭配额招标中标证明文件申领出口许可证。

（三）以加工贸易方式出口第二款所列货物的，凭配额证明文件、货物出口合同申领出口许可证。其中，出口甘草及甘草制品、蔺草及蔺草制品的，凭配额招标中标证明文件、海关加工贸易进口报关单申领出口许可证。

（四）以边境小额贸易方式出口第二款所列货物的，由省级地方商务主管部门根据商务部下达的边境小额贸易配额和要求签发出口许可证。以边境小额贸易方式出口甘草及甘草制品、蔺草及蔺草制品、消耗臭氧层物质、摩托车（含全地形车）及其发动机和车架、汽车（包括成套散件）及其底盘等货物的，需按规定申领出口许可证。以边境小额贸易方式出口本款上述情形以外的货物的，免于申领出口许可证。

（五）出口活牛（对港澳以外市场）、活猪（对港澳以外市场）、活鸡（对香港以外市场）、牛肉、猪肉、鸡肉、天然砂（含标准砂）、矾土、磷矿石、镁砂、滑石块（粉）、萤石（氟石）、稀土、锡及锡制品、钨及钨制品、钼及钼制品、锑及锑制品、焦炭、成品油（润滑油、润滑脂、润滑油基础油）、石蜡、部分金属及制品、硫酸二钠、碳化硅、消耗臭氧层物质、柠檬酸、白银、铂金（以加工贸易方式出口）、铟及铟制品、摩托车（含全地形车）及其发动机和车架、汽车（包括成套散件）及其底盘的，需按规定申领出口许可证。其中，消耗臭氧层物质货样广告品需凭出口许可证出口；以一般贸易、加工贸易、边境贸易和捐赠贸易方式出口汽车、摩托车产品的，需按规定的条件申领出口许可证；以工程承包方式出口汽车、摩托车产品的，凭对外承包工程项目备案回执或特定项目立项函、中标文件等材料申领出口许可证；以上述贸易方式出口非原产于中国的汽车、摩托车产品的，凭进口海关单据和货物出口合同申领出口许可证。

（六）以加工贸易方式出口第五款所列货物的，除另有规定以外，凭有关批准文件、海关加工贸易进口报关单和货物出口合同申领出口许可证。出口润滑油、润滑脂、润滑油基础油以外的成品油的，免于申领出口许可证。

（七）出口铈及铈合金（颗粒<500微米）、钨及钨合金（颗粒<500微米）、锆、铍的可免于申领出口许可证，但需按规定申领《中华人民共和国两用物项和技术出口许可证》。

（八）我国政府对外援助项下提供的货物免于申领出口许可证。

（九）继续暂停对一般贸易项下润滑油（海关商品编号27101991）、润滑脂（海关商品编号27101992）、润滑油基础油（海关商品编号27101993）出口的国营贸易管理。以一般贸易方式出口上述货物的，凭有效的货物出口合同申领出口许可证。以其他贸易方式出口上述货物的，按照商务部、发展改革委、海关总署公告2008年第30号的规定执行。

二、"非一批一证"制和"一批一证"制

（一）对下列货物实行"非一批一证"制管理：即小麦、玉米、大米、小麦粉、玉米粉、大米粉、活牛、活猪、活鸡、牛肉、猪肉、鸡肉、原油、成品油、煤炭、摩托车（含全地形车）及其发动机和车架、汽车（包括成套散件）及其底盘（限新车）、加工贸易项下出口货物、补偿贸易项下出口货物等。出口上述货物的，可在出口许可证有效期内多次通关使用出口许可证，但通关使用次数不得超过12次。

（二）对消耗臭氧层物质、二手车出口实行"一批一证"制管理，出口许可证在有效期内一次报关使用。

三、货物通关口岸

（一）取消对甘草及甘草制品、天然砂（对台港澳地区）出口实施的指定口岸管理措施。

（二）继续暂停对镁砂、稀土、锑及锑制品等出口货物的指定口岸管理。

四、出口许可机构

商务部和受商务部委托的省级地方商务主管部门及沈阳市、长春市、哈尔滨市、南京市、武汉市、广州市、成都市、西安市商务主管部门按照分工受理申请人的申请并实施出口许可，向符合条件的申请人签发出口许可证。

本公告所称省级地方商务主管部门，是指各省、自治区、直辖市、计划单列市及新疆生产建设兵团商务主管部门。

五、实施时间

本公告自 2021 年 1 月 1 日起执行。商务部、海关总署公告 2019 年第 66 号同时废止。

商务部　海关总署
2020 年 12 月 31 日

附录6　《中华人民共和国海关进出口货物报关单修改和撤销管理办法》

（海关总署令〔2014〕220 号）

《中华人民共和国海关进出口货物报关单修改和撤销管理办法》已于 2014 年 2 月 13 日经海关总署署务会议审议通过，现予公布，自公布之日起施行。2005 年 12 月 30 日以海关总署令第 143 号公布的《中华人民共和国海关进出口货物报关单修改和撤销管理办法》同时废止。

中华人民共和国海关进出口货物报关单修改和撤销管理办法

第一条　为了加强对进出口货物报关单修改和撤销的管理，规范进出口货物收发货人或者其代理人的申报行为，保护其合法权益，根据《中华人民共和国海关法》（以下简称《海关法》）制定本办法。

第二条　进出口货物收发货人或者其代理人（以下统称当事人）修改或者撤销进出口货物报关单，以及海关要求对进出口货物报关单进行修改或者撤销的，适用本办法。

第三条　海关接受进出口货物申报后，报关单证及其内容不得修改或者撤销；符合规定情形的，可以修改或者撤销。

进出口货物报关单修改或者撤销后，纸质报关单和电子数据报关单应当一致。

第四条　进出口货物报关单的修改或者撤销，应当遵循修改优先原则；确实不能修改的，予以撤销。

第五条　有以下情形之一的，当事人可以向原接受申报的海关办理进出口货物报关单修改或者撤销手续，海关另有规定的除外：

（一）出口货物放行后，由于装运、配载等原因造成原申报货物部分或者全部退关、变更运输工具的；

（二）进出口货物在装载、运输、存储过程中发生溢短装，或者由于不可抗力造成灭失、短损等，导致原申报数据与实际货物不符的；

（三）由于办理退补税、海关事务担保等其他海关手续而需要修改或者撤销报关单数据的；

（四）根据贸易惯例先行采用暂时价格成交、实际结算时按商检品质认定或者国际市场实际价格付款方式需要修改申报内容的；

（五）已申报进口货物办理直接退运手续，需要修改或者撤销原进口货物报关单的；

（六）由于计算机、网络系统等技术原因导致电子数据申报错误的。

第六条　符合本办法第五条规定的，当事人应当向海关提交《进出口货物报关单修改/撤销表》和下列材料：

（一）符合第五条第（一）项情形的，应当提交退关、变更运输工具证明材料；

（二）符合第五条第（二）项情形的，应当提交商检机构或者相关部门出具的证明材料；

（三）符合第五条第（三）项情形的，应当提交签注海关意见的相关材料；

（四）符合第五条第（四）项情形的，应当提交全面反映贸易实际状况的发票、合同、提单、装箱单等单证，并如实提供与货物买卖有关的支付凭证以及证明申报价格真实、准确的其他商业单证、书面资料和电子数据；

（五）符合第五条第（五）项情形的，应当提交《进口货物直接退运表》或者《责令进口货物直接退运通知书》；

（六）符合第五条第（六）项情形的，应当提交计算机、网络系统运行管理方出具的说明材料；

（七）其他证明材料。

当事人向海关提交材料符合本条第一款规定，并且齐全、有效的，海关应当及时进行修改或者撤销。

第七条　由于报关人员操作或者书写失误造成申报内容需要修改或者撤销的，当事人应当向海关提交《进出口货物报关单修改/撤销表》和下列材料：

（一）可以证明进出口货物实际情况的合同、发票、装箱单、提运单或者载货清单等相关单证、证明文书；

（二）详细情况说明；

（三）其他证明材料。

海关未发现报关人员存在逃避海关监管行为的，可以修改或者撤销报关单。不予修改或者撤销的，海关应当及时通知当事人，并且说明理由。

第八条　海关发现进出口货物报关单需要修改或者撤销，可以采取以下方式主动要求当事人修改或者撤销：

（一）将电子数据报关单退回，并详细说明修改的原因和要求，当事人应当按照海关要求进行修改后重新提交，不得对报关单其他内容进行变更；

（二）向当事人制发《进出口货物报关单修改/撤销确认书》，通知当事人要求修改或者撤销的内容，当事人应当在 5 日内对进出口货物报关单修改或者撤销的内容进行确认，确认后海关完成对报关单的修改或者撤销。

第九条 除不可抗力外，当事人有以下情形之一的，海关可以直接撤销相应的电子数据报关单：

（一）海关将电子数据报关单退回修改，当事人未在规定期限内重新发送的；

（二）海关审结电子数据报关单后，当事人未在规定期限内递交纸质报关单的；

（三）出口货物申报后未在规定期限内运抵海关监管场所的；

（四）海关总署规定的其他情形。

第十条 海关已经决定布控、查验以及涉嫌走私或者违反海关监管规定的进出口货物，在办结相关手续前不得修改或者撤销报关单及其电子数据。

第十一条 已签发报关单证明联的进出口货物，当事人办理报关单修改或者撤销手续时应当向海关交回报关单证明联。

第十二条 由于修改或者撤销进出口货物报关单导致需要变更、补办进出口许可证件的，当事人应当向海关提交相应的进出口许可证件。

第十三条 进出境备案清单的修改、撤销，参照本办法执行。

第十四条 违反本办法，构成走私行为、违反海关监管规定行为或者其他违反《海关法》行为的，由海关依照《海关法》和《中华人民共和国海关行政处罚实施条例》的有关规定予以处理；构成犯罪的，依法追究刑事责任。

第十五条 本办法由海关总署负责解释。

第十六条 本办法自公布之日起施行。2005 年 12 月 30 日以海关总署令第 143 号公布的《中华人民共和国海关进出口货物报关单修改和撤销管理办法》同时废止。

附录7 中华人民共和国海关关于《中华人民共和国知识产权海关保护条例》的实施办法

（海关总署令第 183 号）

《中华人民共和国海关关于〈中华人民共和国知识产权海关保护条例〉的实施办法》已于 2009 年 2 月 17 日经海关总署署务会议审议通过，现予公布，自 2009 年 7 月 1 日起施行。2004 年 5 月 25 日海关总署令第 114 号公布的《中华人民共和国海关关于〈中华人民共和国知识产权海关保护条例〉的实施办法》同时废止。

署长 盛光祖
二〇〇九年三月三日

中华人民共和国海关关于《中华人民共和国知识产权海关保护条例》的实施办法

第一章 总 则

第一条 为了有效实施《中华人民共和国知识产权海关保护条例》（以下简称《条

例》），根据《中华人民共和国海关法》以及其他法律、行政法规，制定本办法。

第二条　知识产权权利人请求海关采取知识产权保护措施或者向海关总署办理知识产权海关保护备案的，境内知识产权权利人可以直接或者委托境内代理人提出申请，境外知识产权权利人应当由其在境内设立的办事机构或者委托境内代理人提出申请。

知识产权权利人按照前款规定委托境内代理人提出申请的，应当出具规定格式的授权委托书。

第三条　知识产权权利人及其代理人（以下统称知识产权权利人）请求海关扣留即将进出口的侵权嫌疑货物的，应当根据本办法的有关规定向海关提出扣留侵权嫌疑货物的申请。

第四条　进出口货物的收发货人或者其代理人（以下统称收发货人）应当在合理的范围内了解其进出口货物的知识产权状况。海关要求申报进出口货物知识产权状况的，收发货人应当在海关规定的期限内向海关如实申报并提交有关证明文件。

第五条　知识产权权利人或者收发货人向海关提交的有关文件或者证据涉及商业秘密的，知识产权权利人或者收发货人应当向海关书面说明。

海关实施知识产权保护，应当保守有关当事人的商业秘密，但海关应当依法公开的信息除外。

第二章　知识产权备案

第六条　知识产权权利人向海关总署申请知识产权海关保护备案的，应当向海关总署提交申请书。申请书应当包括以下内容：

（一）知识产权权利人的名称或者姓名、注册地或者国籍、通信地址、联系人姓名、电话和传真号码、电子邮箱地址等。

（二）注册商标的名称、核定使用商品的类别和商品名称、商标图形、注册有效期、注册商标的转让、变更、续展情况等；作品的名称、创作完成的时间、作品的类别、作品图片、作品转让、变更情况等；专利权的名称、类型、申请日期、专利权转让、变更情况等。

（三）被许可人的名称、许可使用商品、许可期限等。

（四）知识产权权利人合法行使知识产权的货物的名称、产地、进出境地海关、进出口商、主要特征、价格等。

（五）已知的侵犯知识产权货物的制造商、进出口商、进出境地海关、主要特征、价格等。

知识产权权利人应当就其申请备案的每一项知识产权单独提交一份申请书。知识产权权利人申请国际注册商标备案的，应当就其申请的每一类商品单独提交一份申请书。

第七条　知识产权权利人向海关总署提交备案申请书，应当随附以下文件、证据：

（一）知识产权权利人个人身份证件的复印件、工商营业执照的复印件或者其他注册登记文件的复印件。

（二）国务院工商行政管理部门商标局签发的《商标注册证》的复印件。申请人经核准变更商标注册事项、续展商标注册、转让注册商标或者申请国际注册商标备案的，还应当提交国务院工商行政管理部门商标局出具的有关商标注册的证明；著作权登记部门签发的著作权自愿登记证明的复印件和经著作权登记部门认证的作品照片。申请人未进行著作权自愿登记的，提交可以证明申请人为著作权人的作品样品以及其他有关著作权的证据；国务院专利行政部门签发的专利证书的复印件。专利授权自公告之日起超过 1 年的，还应当提交国务院专利行政部门在申请人提出备案申请前 6 个月内出具的专利登记簿副本；申请实用新型专利或者外观设计专利备案的，还应当提交由国务院专利行政部门作出的专利权评价报告。

（三）知识产权权利人许可他人使用注册商标、作品或者实施专利，签订许可合同的，提供许可合同的复印件；未签订许可合同的，提交有关被许可人、许可范围和许可期间等情况的书面说明。

（四）知识产权权利人合法行使知识产权的货物及其包装的照片。

（五）已知的侵权货物进出口的证据。知识产权权利人与他人之间的侵权纠纷已经人民法院或者知识产权主管部门处理的，还应当提交有关法律文书的复印件。

（六）海关总署认为需要提交的其他文件或者证据。

知识产权权利人根据前款规定向海关总署提交的文件和证据应当齐全、真实和有效。有关文件和证据为外文的，应当另附中文译本。海关总署认为必要时，可以要求知识产权权利人提交有关文件或者证据的公证、认证文书。

第八条 知识产权权利人向海关总署申请办理知识产权海关保护备案或者在备案失效后重新向海关总署申请备案的，应当缴纳备案费。知识产权权利人应当将备案费通过银行汇至海关总署指定账号。海关总署收取备案费的，应当出具收据。备案费的收取标准由海关总署会同国家有关部门另行制定并予以公布。

知识产权权利人申请备案续展或者变更的，无需再缴纳备案费。

知识产权权利人在海关总署核准前撤回备案申请或者其备案申请被驳回的，海关总署应当退还备案费。已经海关总署核准的备案被海关总署注销、撤销或者因其他原因失效的，已缴纳的备案费不予退还。

第九条 知识产权海关保护备案自海关总署核准备案之日起生效，有效期为 10 年。自备案生效之日起知识产权的有效期不足 10 年的，备案的有效期以知识产权的有效期为准。

《条例》施行前经海关总署核准的备案或者核准续展的备案的有效期仍按原有效期计算。

第十条 在知识产权海关保护备案有效期届满前 6 个月内，知识产权权利人可以向海关总署提出续展备案的书面申请并随附有关文件。海关总署应当自收到全部续展申请文件之日起 10 个工作日内作出是否准予续展的决定，并书面通知知识产权权利人；不予续展的，应当说明理由。

续展备案的有效期自上一届备案有效期满次日起算，有效期为 10 年。知识产权的有效期自上一届备案有效期满次日起不足 10 年的，续展备案的有效期以知识产权的有效期为准。

第十一条 知识产权海关保护备案经海关总署核准后，按照本办法第六条向海关提交的申请书内容发生改变的，知识产权权利人应当自发生改变之日起 30 个工作日内向海关总署提出变更备案的申请并随附有关文件。

第十二条 知识产权在备案有效期届满前不再受法律、行政法规保护或者备案的知识产权发生转让的，原知识产权权利人应当自备案的知识产权不再受法律、行政法规保护或者转让生效之日起 30 个工作日内向海关总署提出注销知识产权海关保护备案的申请并随附有关文件。知识产权权利人在备案有效期内放弃备案的，可以向海关总署申请注销备案。

未依据本办法第十一条和本条前款规定向海关总署申请变更或者注销备案，给他人合法进出口造成严重影响的，海关总署可以主动或者根据有关利害关系人的申请注销有关知识产权的备案。

海关总署注销备案，应当书面通知有关知识产权权利人，知识产权海关保护备案自海关总署注销之日起失效。

第十三条 海关总署根据《条例》第九条的规定撤销知识产权海关保护备案的，应当书面通知知识产权权利人。

海关总署撤销备案的，知识产权权利人自备案被撤销之日起1年内就被撤销备案的知识产权再次申请备案的，海关总署可以不予受理。

第三章 依申请扣留

第十四条 知识产权权利人发现侵权嫌疑货物即将进出口并要求海关予以扣留的，应当根据《条例》第十三条的规定向货物进出境地海关提交申请书。有关知识产权未在海关总署备案的，知识产权权利人还应当随附本办法第七条第一款第（一）、（二）项规定的文件、证据。

知识产权权利人请求海关扣留侵权嫌疑货物，还应当向海关提交足以证明侵权事实明显存在的证据。知识产权权利人提交的证据，应当能够证明以下事实：

（一）请求海关扣留的货物即将进出口；

（二）在货物上未经许可使用了侵犯其商标专用权的商标标识、作品或者实施了其专利。

第十五条 知识产权权利人请求海关扣留侵权嫌疑货物，应当在海关规定的期限内向海关提供相当于货物价值的担保。

第十六条 知识产权权利人提出的申请不符合本办法第十四条的规定或者未按照本办法第十五条的规定提供担保的，海关应当驳回其申请并书面通知知识产权权利人。

第十七条 海关扣留侵权嫌疑货物的，应当将货物的名称、数量、价值、收发货人名称、申报进出口日期、海关扣留日期等情况书面通知知识产权权利人。

经海关同意，知识产权权利人可以查看海关扣留的货物。

第十八条 海关自扣留侵权嫌疑货物之日起20个工作日内，收到人民法院协助扣押有关货物书面通知的，应当予以协助；未收到人民法院协助扣押通知或者知识产权权利人要求海关放行有关货物的，海关应当放行货物。

第十九条 海关扣留侵权嫌疑货物的，应当将扣留侵权嫌疑货物的扣留凭单送达收发货人。

经海关同意，收发货人可以查看海关扣留的货物。

第二十条 收发货人根据《条例》第十九条的规定请求放行其被海关扣留的涉嫌侵犯专利权货物的，应当向海关提出书面申请并提供与货物等值的担保金。

收发货人请求海关放行涉嫌侵犯专利权货物，符合前款规定的，海关应当放行货物并书面通知知识产权权利人。

知识产权权利人就有关专利侵权纠纷向人民法院起诉的，应当在前款规定的海关书面通知送达之日起30个工作日内向海关提交人民法院受理案件通知书的复印件。

第四章　依职权调查处理

第二十一条　海关对进出口货物实施监管，发现进出口货物涉及在海关总署备案的知识产权且进出口商或者制造商使用有关知识产权的情况未在海关总署备案的，可以要求收发货人在规定期限内申报货物的知识产权状况和提交相关证明文件。

收发货人未按照前款规定申报货物知识产权状况、提交相关证明文件或者海关有理由认为货物涉嫌侵犯在海关总署备案的知识产权的，海关应当中止放行货物并书面通知知识产权权利人。

第二十二条　知识产权权利人应当在本办法第二十一条规定的海关书面通知送达之日起3个工作日内按照下列规定予以回复：

（一）认为有关货物侵犯其在海关总署备案的知识产权并要求海关予以扣留的，向海关提出扣留侵权嫌疑货物的书面申请并按照本办法第二十三条或者第二十四条的规定提供担保；

（二）认为有关货物未侵犯其在海关总署备案的知识产权或者不要求海关扣留侵权嫌疑货物的，向海关书面说明理由。

经海关同意，知识产权权利人可以查看有关货物。

第二十三条　知识产权权利人根据本办法第二十二条第一款第（一）项的规定请求海关扣留侵权嫌疑货物的，应当按照以下规定向海关提供担保：

（一）货物价值不足人民币2万元的，提供相当于货物价值的担保；

（二）货物价值为人民币2万至20万元的，提供相当于货物价值50%的担保，但担保金额不得少于人民币2万元；

（三）货物价值超过人民币20万元的，提供人民币10万元的担保。

知识产权权利人根据本办法第二十二条第一款第（一）项的规定请求海关扣留涉嫌侵犯商标专用权货物的，可以依据本办法第二十四条的规定向海关总署提供总担保。

第二十四条　在海关总署备案的商标专用权的知识产权权利人，经海关总署核准可以向海关总署提交银行或者非银行金融机构出具的保函，为其向海关申请商标专用权海关保护措施提供总担保。

总担保的担保金额应当相当于知识产权权利人上一年度向海关申请扣留侵权嫌疑货物后发生的仓储、保管和处置等费用之和；知识产权权利人上一年度未向海关申请扣留侵权嫌疑货物或者仓储、保管和处置等费用不足人民币20万元的，总担保的担保金额为人民币20万元。

自海关总署核准其使用总担保之日至当年12月31日，知识产权权利人根据《条例》第十六条的规定请求海关扣留涉嫌侵犯其已在海关总署备案的商标专用权的进出口货物的，无需另行提供担保，但知识产权权利人未按照《条例》第二十五条的规定支付有关费用或者未按照《条例》第二十九条的规定承担赔偿责任，海关总署向担保人发出履行担保责任通知的除外。

第二十五条　知识产权权利人根据本办法第二十二条第一款第（一）项的规定提出申请并根据本办法第二十三条、第二十四条的规定提供担保的，海关应当扣留侵权嫌疑货物并书面通知知识产权权利人；知识产权权利人未提出申请或者未提供担保的，海关应当放行货物。

第二十六条　海关扣留侵权嫌疑货物的，应当将扣留侵权嫌疑货物的扣留凭单送达收发货人。

经海关同意，收发货人可以查看海关扣留的货物。

第二十七条　海关扣留侵权嫌疑货物后，应当依法对侵权嫌疑货物以及其他有关情况进行调查。收发货人和知识产权权利人应当对海关调查予以配合，如实提供有关情况和证据。

海关对侵权嫌疑货物进行调查，可以请求有关知识产权主管部门提供咨询意见。

知识产权权利人与收发货人就海关扣留的侵权嫌疑货物达成协议，向海关提出书面申请并随附相关协议，要求海关解除扣留侵权嫌疑货物的，海关除认为涉嫌构成犯罪外，可以终止调查。

第二十八条　海关对扣留的侵权嫌疑货物进行调查，不能认定货物是否侵犯有关知识产权的，应当自扣留侵权嫌疑货物之日起 30 个工作日内书面通知知识产权权利人和收发货人。

海关不能认定货物是否侵犯有关专利权的，收发货人向海关提供相当于货物价值的担保后，可以请求海关放行货物。海关同意放行货物的，按照本办法第二十条第二款和第三款的规定办理。

第二十九条　对海关不能认定有关货物是否侵犯其知识产权的，知识产权权利人可以根据《条例》第二十三条的规定向人民法院申请采取责令停止侵权行为或者财产保全的措施。

海关自扣留侵权嫌疑货物之日起 50 个工作日内收到人民法院协助扣押有关货物书面通知的，应当予以协助；未收到人民法院协助扣押通知或者知识产权权利人要求海关放行有关货物的，海关应当放行货物。

第三十条　海关作出没收侵权货物决定的，应当将下列已知的情况书面通知知识产权权利人：

（一）侵权货物的名称和数量；

（二）收发货人名称；

（三）侵权货物申报进出口日期、海关扣留日期和处罚决定生效日期；

（四）侵权货物的启运地和指运地；

（五）海关可以提供的其他与侵权货物有关的情况。

人民法院或者知识产权主管部门处理有关当事人之间的侵权纠纷，需要海关协助调取与进出口货物有关的证据的，海关应当予以协助。

第三十一条　海关发现个人携带或者邮寄进出境的物品，涉嫌侵犯《条例》第二条规定的知识产权并超出自用、合理数量的，应当予以扣留，但旅客或者收寄件人向海关声明放弃并经海关同意的除外。

海关对侵权物品进行调查，知识产权权利人应当予以协助。进出境旅客或者进出境邮件的收寄件人认为海关扣留的物品未侵犯有关知识产权或者属于自用的，可以向海关书面说明有关情况并提供相关证据。

第三十二条　进出口货物或者进出境物品经海关调查认定侵犯知识产权，根据《条例》第二十七条第一款和第二十八条的规定应当由海关予以没收，但当事人无法查清的，自海关制发有关公告之日起满 3 个月后可由海关予以收缴。

进出口侵权行为有犯罪嫌疑的，海关应当依法移送公安机关。

第五章 货物处置和费用

第三十三条 对没收的侵权货物，海关应当按照下列规定处置：

（一）有关货物可以直接用于社会公益事业或者知识产权权利人有收购意愿的，将货物转交给有关公益机构用于社会公益事业或者有偿转让给知识产权权利人；

（二）有关货物不能按照第（一）项的规定处置且侵权特征能够消除的，在消除侵权特征后依法拍卖。拍卖货物所得款项上交国库；

（三）有关货物不能按照第（一）、（二）项规定处置的，应当予以销毁。

海关拍卖侵权货物，应当事先征求有关知识产权权利人的意见。海关销毁侵权货物，知识产权权利人应当提供必要的协助。有关公益机构将海关没收的侵权货物用于社会公益事业以及知识产权权利人接受海关委托销毁侵权货物的，海关应当进行必要的监督。

第三十四条 海关协助人民法院扣押侵权嫌疑货物或者放行被扣留货物的，知识产权权利人应当支付货物在海关扣留期间的仓储、保管和处置等费用。

海关没收侵权货物的，知识产权权利人应当按照货物在海关扣留后的实际存储时间支付仓储、保管和处置等费用。但海关自没收侵权货物的决定送达收发货人之日起 3 个月内不能完成货物处置，且非因收发货人申请行政复议、提起行政诉讼或者货物处置方面的其他特殊原因导致的，知识产权权利人不需支付 3 个月后的有关费用。

海关按照本办法第三十三条第一款第（二）项的规定拍卖侵权货物的，拍卖费用的支出按照有关规定办理。

第三十五条 知识产权权利人未按照本办法第三十四条的规定支付有关费用的，海关可以从知识产权权利人提交的担保金中扣除有关费用或者要求担保人履行担保义务。

海关没收侵权货物的，应当在货物处置完毕并结清有关费用后向知识产权权利人退还担保金或者解除担保人的担保责任。

海关协助人民法院扣押侵权嫌疑货物或者根据《条例》第二十四条第（一）、（二）、（四）项的规定放行被扣留货物的，收发货人可以就知识产权权利人提供的担保向人民法院申请财产保全。海关自协助人民法院扣押侵权嫌疑货物或者放行货物之日起 20 个工作日内，未收到人民法院就知识产权权利人提供的担保采取财产保全措施的协助执行通知的，海关应当向知识产权权利人退还担保金或者解除担保人的担保责任；收到人民法院协助执行通知的，海关应当协助执行。

第三十六条 海关根据《条例》第十九条的规定放行被扣留的涉嫌侵犯专利权的货物后，知识产权权利人按照本办法第二十条第三款的规定向海关提交人民法院受理案件通知书复印件的，海关应当根据人民法院的判决结果处理收发货人提交的担保金；知识产权权利人未提交人民法院受理案件通知书复印件的，海关应当退还收发货人提交的担保金。对知识产权权利人向海关提供的担保，收发货人可以向人民法院申请财产保全，海关未收到人民法院对知识产权权利人提供的担保采取财产保全措施的协助执行通知的，应当自处理收发货人提交的担保金之日起 20 个工作日后，向知识产权权利人退还担保金或者解除担保人的担保责任；收到人民法院协助执行通知的，海关应当协助执行。

第六章 附 则

第三十七条 海关参照本办法对奥林匹克标志和世界博览会标志实施保护。

第三十八条 在本办法中，"担保"指担保金、银行或者非银行金融机构保函。

第三十九条 本办法中货物的价值由海关以该货物的成交价格为基础审查确定。成交价格不能确定的，货物价值由海关依法估定。

第四十条 本办法第十七条、二十一条、二十八条规定的海关书面通知可以采取直接、邮寄、传真或者其他方式送达。

第四十一条 本办法第二十条第三款和第二十二条第一款规定的期限自海关书面通知送达之日的次日起计算。期限的截止按照以下规定确定：

（一）知识产权权利人通过邮局或者银行向海关提交文件或者提供担保的，以期限到期日 24 时止；

（二）知识产权权利人当面向海关提交文件或者提供担保的，以期限到期日海关正常工作时间结束止。

第四十二条 知识产权权利人和收发货人根据本办法向海关提交有关文件复印件的，应当将复印件与文件原件进行核对。经核对无误后，应当在复印件上加注"与原件核对无误"字样并予以签章确认。

第四十三条 本办法自 2009 年 7 月 1 日起施行。2004 年 5 月 25 日海关总署令第 114 号公布的《中华人民共和国海关关于〈中华人民共和国知识产权海关保护条例〉的实施办法》同时废止。

附录8　中华人民共和国海关进出口货物减免税管理办法

（海关总署令第 245 号）

《中华人民共和国海关进出口货物减免税管理办法》已于 2020 年 12 月 11 日经海关总署署务会议审议通过，现予公布，自 2021 年 3 月 1 日起施行。2008 年 12 月 29 日海关总署公布的《中华人民共和国海关进出口货物减免税管理办法》（海关总署令第 179 号）同时废止。

署长　倪岳峰

2020 年 12 月 21 日

中华人民共和国海关进出口货物减免税管理办法

第一章　总　则

第一条 为了规范海关进出口货物减免税管理工作，保障行政相对人合法权益，优化营商环境，根据《中华人民共和国海关法》（以下简称《海关法》）、《中华人民共和国进出口关税条例》及有关法律和行政法规的规定，制定本办法。

第二条 进出口货物减征或者免征关税、进口环节税（以下简称减免税）事务，除法律、行政法规另有规定外，海关依照本办法实施管理。

第三条 进出口货物减免税申请人（以下简称减免税申请人）应当向其主管海关申请办理减免税审核确认、减免税货物税款担保、减免税货物后续管理等相关业务。

　　减免税申请人向主管海关申请办理减免税相关业务，应当按照规定提交齐全、有效、填报规范的申请材料，并对材料的真实性、准确性、完整性和规范性承担相应的法律责任。

第二章　减免税审核确认

　　第四条　减免税申请人按照有关进出口税收优惠政策的规定申请减免税进出口相关货物，应当在货物申报进出口前，取得相关政策规定的享受进出口税收优惠政策资格的证明材料，并凭以下材料向主管海关申请办理减免税审核确认手续：

　　（一）《进出口货物征免税申请表》；

　　（二）事业单位法人证书或者国家机关设立文件、社会团体法人登记证书、民办非企业单位法人登记证书、基金会法人登记证书等证明材料；

　　（三）进出口合同、发票以及相关货物的产品情况资料。

　　第五条　主管海关应当自受理减免税审核确认申请之日起 10 个工作日内，对减免税申请人主体资格、投资项目和进出口货物相关情况是否符合有关进出口税收优惠政策规定等情况进行审核，并出具进出口货物征税、减税或者免税的确认意见，制发《中华人民共和国海关进出口货物征免税确认通知书》（以下简称《征免税确认通知书》）。

　　有下列情形之一，主管海关不能在本条第一款规定期限内出具确认意见的，应当向减免税申请人说明理由：

　　（一）有关进出口税收优惠政策规定不明确或者涉及其他部门管理职责，需要与相关部门进一步协商、核实有关情况的；

　　（二）需要对货物进行化验、鉴定等，以确定其是否符合有关进出口税收优惠政策规定的。

　　有本条第二款规定情形的，主管海关应当自情形消除之日起 10 个工作日内，出具进出口货物征税、减税或者免税的确认意见，并制发《征免税确认通知书》。

　　第六条　减免税申请人需要变更或者撤销已出具的《征免税确认通知书》的，应当在《征免税确认通知书》有效期内向主管海关提出申请，并随附相关材料。

　　经审核符合规定的，主管海关应当予以变更或者撤销。予以变更的，主管海关应当重新制发《征免税确认通知书》。

　　第七条　《征免税确认通知书》有效期限不超过 6 个月，减免税申请人应当在有效期内向申报地海关办理有关进出口货物申报手续；不能在有效期内办理，需要延期的，应当在有效期内向主管海关申请办理延期手续。《征免税确认通知书》可以延期一次，延长期限不得超过 6 个月。

　　《征免税确认通知书》有效期限届满仍未使用的，其效力终止。减免税申请人需要减免税进出口该《征免税确认通知书》所列货物的，应当重新向主管海关申请办理减免税审核确认手续。

　　第八条　除有关进出口税收优惠政策或者其实施措施另有规定外，进出口货物征税放行后，减免税申请人申请补办减免税审核确认手续的，海关不予受理。

第三章　减免税货物税款担保

　　第九条　有下列情形之一的，减免税申请人可以向海关申请办理有关货物凭税款担保先予放行手续：

（一）有关进出口税收优惠政策或者其实施措施明确规定的；

（二）主管海关已经受理减免税审核确认申请，尚未办理完毕的；

（三）有关进出口税收优惠政策已经国务院批准，具体实施措施尚未明确，主管海关能够确认减免税申请人属于享受该政策范围的；

（四）其他经海关总署核准的情形。

第十条　减免税申请人需要办理有关货物凭税款担保先予放行手续的，应当在货物申报进出口前向主管海关提出申请，并随附相关材料。

主管海关应当自受理申请之日起 5 个工作日内出具是否准予办理担保的意见。符合本办法第九条规定情形的，主管海关应当制发《中华人民共和国海关准予办理减免税货物税款担保通知书》（以下简称《准予办理担保通知书》），并通知申报地海关；不符合有关规定情形的，制发《中华人民共和国海关不准予办理减免税货物税款担保通知书》。

第十一条　申报地海关凭主管海关制发的《准予办理担保通知书》，以及减免税申请人提供的海关依法认可的财产、权利，按照规定办理减免税货物的税款担保手续。

第十二条　《准予办理担保通知书》确定的减免税货物税款担保期限不超过 6 个月，主管海关可以延期 1 次，延长期限不得超过 6 个月。特殊情况仍需要延期的，应当经直属海关审核同意。

减免税货物税款担保期限届满，本办法第九条规定的有关情形仍然延续的，主管海关可以根据有关情形可能延续的时间等情况，相应延长税款担保期限，并向减免税申请人告知有关情况，同时通知申报地海关为减免税申请人办理税款担保延期手续。

第十三条　减免税申请人在减免税货物税款担保期限届满前取得《征免税确认通知书》，并已向海关办理征税、减税或者免税相关手续的，申报地海关应当解除税款担保。

第四章　减免税货物的管理

第十四条　除海关总署另有规定外，进口减免税货物的监管年限为：

（一）船舶、飞机：8 年；

（二）机动车辆：6 年；

（三）其他货物：3 年。

监管年限自货物进口放行之日起计算。

除海关总署另有规定外，在海关监管年限内，减免税申请人应当按照海关规定保管、使用进口减免税货物，并依法接受海关监管。

第十五条　在海关监管年限内，减免税申请人应当于每年 6 月 30 日（含当日）以前向主管海关提交《减免税货物使用状况报告书》，报告减免税货物使用状况。超过规定期限未提交的，海关按照有关规定将其列入信用信息异常名录。

减免税申请人未按照前款规定报告其减免税货物使用状况，向海关申请办理减免税审核确认、减免税货物税款担保、减免税货物后续管理等相关业务的，海关不予受理。减免税申请人补报后，海关可以受理。

第十六条　在海关监管年限内，减免税货物应当在主管海关审核同意的地点使用。除有关进口税收优惠政策实施措施另有规定外，减免税货物需要变更使用地点的，减免税申请人应当向主管海关提出申请，并说明理由；经主管海关审核同意的，可以变更使用地点。

减免税货物需要移出主管海关管辖地使用的，减免税申请人应当向主管海关申请办理异地监管手续，并随附相关材料。经主管海关审核同意并通知转入地海关后，减免税申请人可以将减免税货物运至转入地海关管辖地，并接受转入地海关监管。

减免税货物在异地使用结束后，减免税申请人应当及时向转入地海关申请办结异地监管手续。经转入地海关审核同意并通知主管海关后，减免税申请人应当将减免税货物运回主管海关管辖地。

第十七条　在海关监管年限内，减免税申请人发生分立、合并、股东变更、改制等主体变更情形的，权利义务承受人应当自变更登记之日起 30 日内，向原减免税申请人的主管海关报告主体变更情况以及有关减免税货物的情况。

经原减免税申请人主管海关审核，需要补征税款的，权利义务承受人应当向原减免税申请人主管海关办理补税手续；可以继续享受减免税待遇的，权利义务承受人应当按照规定申请办理减免税货物结转等相关手续。

第十八条　在海关监管年限内，因破产、撤销、解散、改制或者其他情形导致减免税申请人终止，有权利义务承受人的，参照本办法第十七条的规定办理有关手续；没有权利义务承受人的，原减免税申请人或者其他依法应当承担关税及进口环节税缴纳义务的当事人，应当自资产清算之日起 30 日内，向原减免税申请人主管海关申请办理减免税货物的补缴税款手续。进口时免予提交许可证件的减免税货物，按照国家有关规定需要补办许可证件的，减免税申请人在办理补缴税款手续时还应当补交有关许可证件。有关减免税货物自办结上述手续之日起，解除海关监管。

第十九条　在海关监管年限内，减免税申请人要求将减免税货物退运出境或者出口的，应当经主管海关审核同意，并办理相关手续。

减免税货物自退运出境或者出口之日起，解除海关监管，海关不再对退运出境或者出口的减免税货物补征相关税款。

第二十条　减免税货物海关监管年限届满的，自动解除监管。

对海关监管年限内的减免税货物，减免税申请人要求提前解除监管的，应当向主管海关提出申请，并办理补缴税款手续。进口时免予提交许可证件的减免税货物，按照国家有关规定需要补办许可证件的，减免税申请人在办理补缴税款手续时还应当补交有关许可证件。有关减免税货物自办结上述手续之日起，解除海关监管。

减免税申请人可以自减免税货物解除监管之日起 1 年内，向主管海关申领《中华人民共和国海关进口减免税货物解除监管证明》。

第二十一条　在海关监管年限内及其后 3 年内，海关依照《海关法》《中华人民共和国海关稽查条例》等有关规定，对有关企业、单位进口和使用减免税货物情况实施稽查。

第五章　减免税货物的抵押、转让、移作他用

第二十二条　在减免税货物的海关监管年限内，经主管海关审核同意，并办理有关手续，减免税申请人可以将减免税货物抵押、转让、移作他用或者进行其他处置。

第二十三条　在海关监管年限内，进口时免予提交许可证件的减免税货物，减免税申请人向主管海关申请办理抵押、转让、移作他用或者其他处置手续时，按照国家有关规定需要

补办许可证件的，应当补办相关手续。

第二十四条 在海关监管年限内，减免税申请人要求以减免税货物向银行或者非银行金融机构办理贷款抵押的，应当向主管海关提出申请，随附相关材料，并以海关依法认可的财产、权利提供税款担保。

主管海关应当对减免税申请人提交的申请材料是否齐全、有效，填报是否规范等进行审核，必要时可以实地了解减免税申请人经营状况、减免税货物使用状况等相关情况。经审核符合规定的，主管海关应当制发《中华人民共和国海关准予办理减免税货物贷款抵押通知书》；不符合规定的，应当制发《中华人民共和国海关不准予办理减免税货物贷款抵押通知书》。

减免税申请人不得以减免税货物向银行或者非银行金融机构以外的自然人、法人或者非法人组织办理贷款抵押。

第二十五条 主管海关同意以减免税货物办理贷款抵押的，减免税申请人应当自签订抵押合同、贷款合同之日起30日内，将抵押合同、贷款合同提交主管海关备案。

抵押合同、贷款合同的签订日期不是同一日的，按照后签订的日期计算前款规定的备案时限。

第二十六条 减免税货物贷款抵押需要延期的，减免税申请人应当在贷款抵押期限届满前，向主管海关申请办理贷款抵押的延期手续。

经审核符合规定的，主管海关应当制发《中华人民共和国海关准予办理减免税货物贷款抵押延期通知书》；不符合规定的，应当制发《中华人民共和国海关不准予办理减免税货物贷款抵押延期通知书》。

第二十七条 在海关监管年限内，减免税申请人需要将减免税货物转让给进口同一货物享受同等减免税优惠待遇的其他单位的，应当按照下列规定办理减免税货物结转手续：

（一）减免税货物的转出申请人向转出地主管海关提出申请，并随附相关材料。转出地主管海关审核同意后，通知转入地主管海关。

（二）减免税货物的转入申请人向转入地主管海关申请办理减免税审核确认手续。转入地主管海关审核同意后，制发《征免税确认通知书》。

（三）结转减免税货物的监管年限应当连续计算，转入地主管海关在剩余监管年限内对结转减免税货物继续实施后续监管。

转入地海关和转出地海关为同一海关的，参照本条第一款规定办理。

第二十八条 在海关监管年限内，减免税申请人需要将减免税货物转让给不享受进口税收优惠政策或者进口同一货物不享受同等减免税优惠待遇的其他单位的，应当事先向主管海关申请办理减免税货物补缴税款手续。进口时免予提交许可证件的减免税货物，按照国家有关规定需要补办许可证件的，减免税申请人在办理补缴税款手续时还应当补交有关许可证件。有关减免税货物自办结上述手续之日起，解除海关监管。

第二十九条 减免税货物因转让、提前解除监管以及减免税申请人发生主体变更、依法终止情形或者其他原因需要补征税款的，补税的完税价格以货物原进口时的完税价格为基础，按照减免税货物已进口时间与监管年限的比例进行折旧，其计算公式如下：

$$补税的完税价格 = 减免税货物原进口时的完税价格 \times \left[1 - \frac{减免税货物已进口时间}{监管年限 \times 12}\right]$$

减免税货物已进口时间自货物放行之日起按月计算。不足1个月但超过15日的，按1

个月计算；不超过 15 日的，不予计算。

第三十条　按照本办法第二十九条规定计算减免税货物补税的完税价格的，应当按以下情形确定货物已进口时间的截止日期：

（一）转让减免税货物的，应当以主管海关接受减免税申请人申请办理补税手续之日作为截止之日；

（二）减免税申请人未经海关批准，擅自转让减免税货物的，应当以货物实际转让之日作为截止之日；实际转让之日不能确定的，应当以海关发现之日作为截止之日；

（三）在海关监管年限内，减免税申请人发生主体变更情形的，应当以变更登记之日作为截止之日；

（四）在海关监管年限内，减免税申请人发生破产、撤销、解散或者其他依法终止经营情形的，应当以人民法院宣告减免税申请人破产之日或者减免税申请人被依法认定终止生产经营活动之日作为截止之日；

（五）减免税货物提前解除监管的，应当以主管海关接受减免税申请人申请办理补缴税款手续之日作为截止之日。

第三十一条　在海关监管年限内，减免税申请人需要将减免税货物移作他用的，应当事先向主管海关提出申请。经主管海关审核同意，减免税申请人可以按照海关批准的使用单位、用途、地区将减免税货物移作他用。

本条第一款所称移作他用包括以下情形：

（一）将减免税货物交给减免税申请人以外的其他单位使用；

（二）未按照原定用途使用减免税货物；

（三）未按照原定地区使用减免税货物。

除海关总署另有规定外，按照本条第一款规定将减免税货物移作他用的，减免税申请人应当事先按照移作他用的时间补缴相应税款；移作他用时间不能确定的，应当提供税款担保，税款担保金额不得超过减免税货物剩余监管年限可能需要补缴的最高税款总额。

第三十二条　减免税申请人将减免税货物移作他用，需要补缴税款的，补税的完税价格以货物原进口时的完税价格为基础，按照需要补缴税款的时间与监管年限的比例进行折旧，其计算公式如下：

$$补税的完税价格 = 减免税货物原进口时的完税价格 \times \left[\frac{需要补缴税款的时间}{监管年限 \times 365} \right]$$

上述计算公式中需要补缴税款的时间为减免税货物移作他用的实际时间，按日计算，每日实际使用不满 8 小时或者超过 8 小时的均按 1 日计算。

第三十三条　海关在办理减免税货物贷款抵押、结转、移作他用、异地监管、主体变更、退运出境或者出口、提前解除监管等后续管理业务时，应当自受理减免税申请人的申请之日起 10 个工作日内作出是否同意的决定。

因特殊情形不能在前款规定期限内作出决定的，海关应当向申请人说明理由，并自特殊情形消除之日起 10 个工作日内作出是否同意的决定。

第六章　附　　则

第三十四条　在海关监管年限内，减免税申请人发生分立、合并、股东变更、改制等主体变更情形的，或者因破产、撤销、解散、改制或者其他情形导致其终止的，当事人未按照有关规定，向原减免税申请人的主管海关报告主体变更或者终止情形以及有关减免税货物的情况的，海关予以警告，责令其改正，可以处 1 万元以下罚款。

第三十五条　本办法下列用语的含义：

进出口货物减免税申请人，是指根据有关进出口税收优惠政策和相关法律、行政法规的规定，可以享受进出口税收优惠，并依照本办法向海关申请办理减免税相关业务的具有独立法人资格的企事业单位、社会团体、民办非企业单位、基金会、国家机关；具体实施投资项目，获得投资项目单位授权并经按照本条规定确定为主管海关的投资项目所在地海关同意，可以向其申请办理减免税相关业务的投资项目单位所属非法人分支机构；经海关总署确认的其他组织。

减免税申请人的主管海关，减免税申请人为企业法人的，主管海关是指其办理企业法人登记注册地的海关；减免税申请人为事业单位、社会团体、民办非企业单位、基金会、国家机关等非企业法人组织的，主管海关是指其住所地海关；减免税申请人为投资项目单位所属非法人分支机构的，主管海关是指其办理营业登记地的海关。下列特殊情况除外：

（一）投资项目所在地海关与减免税申请人办理企业法人登记注册地海关或者办理营业登记地海关不是同一海关的，投资项目所在地海关为主管海关；投资项目所在地涉及多个海关的，有关海关的共同上级海关或者共同上级海关指定的海关为主管海关；

（二）有关进出口税收优惠政策实施措施明确规定的情形；

（三）海关总署批准的其他情形。

第三十六条　本办法所列文书格式由海关总署另行制定并公告。

第三十七条　本办法由海关总署负责解释。

第三十八条　本办法自 2021 年 3 月 1 日起施行。2008 年 12 月 29 日海关总署公布的《中华人民共和国海关进出口货物减免税管理办法》（海关总署令第 179 号）同时废止。

训练题及答案

专项训练：商品归类

一、单选题

1. 《协调制度》共有（   ）。
   A. 20 类、96 章　　B. 21 类、97 章　　C. 6 类、97 章　　D. 21 类、96 章

2. H．S 编码制度，所列商品名称的分类和编排，从类来看，基本上是按（   ）分类。
   A. 贸易部门　　B. 社会生产　　C. 同一起始原料　　D. 同一类型产品

3. 我国的《统计商品目录》共有（   ）。
   A. 20 类、96 章　　B. 21 类、97 章　　C. 22 类、99 章　　D. 21 类、96 章

4. 在海关注册登记的进出口货物的经营单位，可以在货物实际进出口的（   ）前，向（   ）申请就其拟进口的货物进行商品归类。
   A. 45 日；所在地海关　　　　　　　　B. 30 日；直属海关
   C. 30 日；海关总署　　　　　　　　　D. 45 日；直属海关

5. 请指出下列叙述中错误的是（   ）。
   A. 《海关进出口税则》的类、章及分章的标题，仅为查找方便设立
   B. 归类总规则一规定，具有法律效力的商品归类，应按品目条文和有关类注或章注确定
   C. 子目的比较只能在同一数级上进行
   D. 最相类似、具体列名、基本特征、从后归类

6. 下列叙述正确的是（   ）。
   A. 在进行商品归类时，列名比较具体的税目优先于一般税目
   B. 在进行商品归类时，混合物可以按照其中的一种成分进行归类
   C. 在进行商品归类时，商品的包装容器应该单独进行税则归类
   D. 从后归类原则是商品归类时，优先采用的原则

7. 对商品进行归类时，品目条文所列的商品，应包括该项商品的非完整品或未制成品，只要在进口或出口时这些非完整品或未制成品具有完整品或制成品的（   ）。
   A. 基本功能　　B. 相同用途　　C. 基本特征　　D. 核心组成部件

8. 在进行商品税则分类时，对看起来可归入两个或以上税号的商品，在税目条文和注释均无规定时，其归类次序为（   ）。

A. 基本特征、最相类似、具体列名、从后归类

B. 具体列名、基本特征、从后归类、最相类似

C. 最相类似、具体列名、基本特征、从后归类

D. 具体列名、最相类似、基本特征、从后归类

9. 在进行商品税则归类时，对看起来可归入两个或两个以上税号的商品，在税目条文和注释均无规定时，其归类次序为（　　　）。

A. 基本特征、具体列名、从后归类

B. 具体列名、基本特征、从后归类

C. 从后归类、基本特征、具体列名

D. 基本特征、从后归类、具体列名

10. 海关总署发现商品归类决定存在错误的，应当及时给予撤销。撤销商品归类决定的，应当由海关总署对外公布，被撤销的商品归类决定自（　　　）失效。

A. 再进口该货物之前　　　　　　　B. 再出口该货物之日

C. 撤销之日　　　　　　　　　　　D. 再进出口该货物之日

11. 根据（　　）的规定，"一个纸盒内装一只手机"的商品，应按手机归类。

A. 归类总规则三（一）　　　　　　B. 归类总规则三（二）

C. 归类总规则五（一）　　　　　　D. 归类总规则五（二）

12.《协调制度》中具有法律效力的归类依据有：（　　　）

A. 归类总规则　　　B. 注释　　　　C. 品目条文　　　D. 子目条文

二、判断题

1. "从后归类"原则是进行商品归类时优先使用的原则。

2. 按照归类总规则的规定，税目所列货品，还应视为包括货物的完整品或制成品在进出口时的未组装件和拆散件。

3.《协调制度》中的编码采用的是 8 位数编码。

4. 我国进出口商品编码第 5、6 位数级子目好列为 HS 子目，第 7、8 位数级子目好列为本国子目。

5. 缺少车轮的摩托车，应按摩托车的零件归类。

6. 第一章的标题为"活动物"，所以活动物都归入第一章。

7. 零售成套货品应按基本特征原则归类。

8. 我国《海关进出口税则》的商品编码采用 6 位数编码，即从左向右为：第一、第二位数为"章"的编号，第三、第四位数为"税目"的编号，第五、第六位数为"子目"的编号。

9. 我国进出口商品编码的前 6 位数码及商品名称与 HS 完全一致，第 7、8 两位数码是根据我国关税、统计和贸易管理的需要细分的。

10. 海关审核认为收发货人或者其代理人申报的商品名称编码不正确的，按有关规则和规定予以重新确定并进行修改，并根据《报关单修改和撤销管理管理办法》等有关规定通知收发货人或者其代理人进行确认。

11. 申请预归类事项，经直属海关审核认为属于有关的法律法规等有明确规定的，应当在接受之日起 7 个工作日内制发"预归类决定书"。

12. 我国在《协调制度》的基础上增设三级和四级子目，形成了我国海关进出口商品分类目录，分别编制出《进出口税则》和《统计商品目录》

13. 按照归类总规则的规定，税目所列货品，还应视为包括货物的完整品或制成品在进出口时的未组装件和拆散件。

14. 当货品看起来可归入两个或两个以上税目时，应按"基本特征"的原则归类。

15. 按照归类总规则的规定，税目所列货品，还应视为包括改货物的完整品或制成品在进出口时的未组装件和拆散件。

16. 进出口商品在品目项下各子目的归类应当按照品目条文和类注、章注确定。

17. 对进出口商品进行归类时，如果该商品在品目条文上有具体列名可以直接查到，则无须运用总规则。

18. 对进出口商品进行归类时，先确定品目，然后确定子目。

19. 根据归类总规则的规定，具有法律效力的归类，应按类章标题、品目条文和类章注释确定。

20. 我国进出口商品编码第 5、6 位数级子目号列为 HS 子目，第 7、8 位数级子目号列为本国子目。

三、归类题

（1）每位学生准备好工具书《进出口商品名称与编码》。

（2）每位学生在规定的时间之内独立完成 90 道归类题。

（3）每位学生上交一份归类答案。

（4）核对答案，进行批阅。

（5）任意挑选若干名学生，针对每题的解题思路进行讲解，并完成对这次任务的评价。

题目如下：

1. 流动动物园巡回展出用的猪（重量为 60 千克/只）

2. 供食用的活麻雀，重量不超过 180 克

3. 供人食用的新鲜的猪肚

4. 熏章鱼

5. 冷冻的比目鱼鱼卵

6. 人造黄油

7. 天然圣诞树

8. 用亚硫酸保存的桃子

9. 榴梿，去壳后切成块装于盒中冷藏起来

10. 普陀观音绿茶，250 克盒装

11. 兰花种子

12. 竹笋罐头

13. 芸豆（晒干的，非种用），2 千克/袋

14. 马铃薯淀粉

15. 黑大豆种子

16. 熟制的面筋

17. 食用高粱（非种用，每包净重 50 千克）

18. 精制的豆油

19. 日本清酒

20. 人参茶

21. 波力调味紫菜（番茄味，24 克/包）

22. 肯德基薯条，撒了少许盐

23. 球形牛奶夹心巧克力（脆米夹心，160 克/包）

24. 月饼

25. 均化食品：牛肉玉米胡萝卜泥，精细均化制成供婴幼儿食用的罐装食品（含牛肉 45%、玉米 20%、胡萝卜 25%，其余为面粉及调味料。60 克/罐）

26. 煮熟的鲍鱼罐头

27. 含香梨醇作甜味剂的橡皮糖（不含糖）

28. 未焙烧的黄铁矿

29. 含油量为 75%，含其他成分 25% 的润滑油

30. 泥煤（肥料用）

31. 氯化钠（符合化学定义）

32. 水泥用添加剂

33. 地塞米松（每桶 50 千克）

34. 直接染料（500 克/袋）

35. "舒适"牌男士抑汗清新喷雾，成分为三氯化铝、香精、防腐剂等，使用时喷于腋下，能有效抑制汗液，保持皮肤干爽，避免出汗引起的过重汗珠

36. 六神花露水，50 毫升/瓶

37. 502 胶，零售包装，每瓶 50 毫升

38. 含 30% 尿素、40% 磷酸氢钙、30% 硫酸钾的混合肥料（片状）（每包毛重 25 千克）

39. 云南白药（零售包装，每瓶 150 克）

40. 避孕套（聚硅氧烷制）

41. 北京奥运游泳馆"水立方"使用的一种 ETFE 薄膜材料，中文名乙烯－四氟乙烯共聚物（其中四氟乙烯单体单元占 75%），厚 0.1 毫米，宽 1.5 米，长 30 米

42. 50% 的苯乙烯、40% 的丙烯腈和 10% 的甲苯乙烯单体单元组成的共聚物（颗粒状）

43. 用硫化橡胶涂布的纯棉制成的输送带

44. 海绵制的门垫

45. 新鲜的未经任何处理的整张牛皮，重量为 10 千克

46. 贱金属制的猫项圈

47. 拳击运动员手套（皮革制）

48. 一次性竹牙签

49. 面巾纸，180 张/盒，规格为 19 厘米×20 厘米

50. 大百科全书

51. 黑色机织物，按重量计，含 40% 的涤纶短纤维、35% 的精梳绵羊毛、25% 的粗梳驼绒（300 克/平方米，幅宽为 180 厘米）

52. 由 40% 的棉、30% 的人造纤维短纤和 30% 的合成纤维短纤混纺制成的未漂白机织

物（每平方米重量220克，幅宽110厘米）

53. 婴儿全棉针织便服套装（供身高为86厘米以下的婴儿穿用，男款）

54. 针织全棉胸罩

55. 服装——男式、涤纶面料、尼龙里料、羽绒胎料，用于滑雪

56. 千层底布鞋，手工制作

57. ABS 制成型的安全帽

58. 家用小陶罐，腌菜用

59. 玻璃手镯

60. 按重量计算，铜80%，银10%，金7%，钯1.5%，铑1.5%的合金粉末

61. 镀锡冷轧非合金钢板（宽为600毫米，长为2 000毫米，厚为4毫米）

62. 订书机用钢铁制成条的订书钉

63. 截面为矩形的非合金钢钢材，除轧制外未经进一步加工，钢材宽为60毫米，厚为8毫米，热成形折叠捆状报验

64. 铝制铆钉（铝壶零件）

65. 零售包装的成套工具（内有钳子，锤子，螺丝刀，扳手，钢锉，凿子，白铁剪）

66. 带有铃铛的贱金属制的狗项圈

67. 钢铁制的螺丝刀

68. 电动洗碟机（外部尺寸为60厘米×90厘米×70厘米）

69. 自行车充气用手动打气筒

70. 铜制的水龙头

71. 小型食品店使用的出售冷饮的冰柜，卧式，150升，最低温度为-25摄氏度

72. "苹果"牌iPad平面电脑，长242.8毫米，宽189.7毫米，厚13.4毫米，重680克。配有苹果A4处理器，具有浏览互联网、收发电子邮件、阅读电子书、播放音频或视频文件等功能

73. 家用电动真空吸尘器（功率为1 000瓦，容积为10升的集尘袋）

74. "菲利普"牌915型电动剃须刀

75. 装有压燃式活塞内燃发动机、汽缸容量（排气量）为2 000毫升的四轮驱动越野车

76. 使用柴油发动机，用于机场候机楼与机坪之间接送旅客的车辆

77. 装有倾倒装置的垃圾收集车，使用柴油发动机，车辆总重量为10吨

78. 游乐场的碰碰车

79. 心脏起搏器

80. 砝码（感量为50毫克的天平使用）

81. 不锈钢制成的外科手术刀

82. 家用台灯（装有白炽灯泡）

83. 办公室用不锈钢制档案柜

84. 儿童娱乐用的橡皮泥

85. 印泥

86. 玻璃制的围棋

87. 圣诞节用的蜡烛

88. 保温瓶胆
89. 絮胎制的卫生巾
90. 200 年前的石雕作品原件

专项训练答案

一、单选题

1. B   2. B   3. C   4. D   5. D   6. A   7. C   8. B   9. B   10. C
11. D   12. C

二、判断题

1. 错   2. 对   3. 错   4. 对   5. 错   6. 错   7. 错   8. 错   9. 对   10. 错
11. 错   12. 对   13. 对   14. 错   15. 对   16. 错   17. 错   18. 对   19. 错   20. 对

三、归类题

1. 9508. 1000	2. 0106. 3929	3. 0504. 0090	4. 0307. 5900	5. 0303. 9900
6. 1517. 1000	7. 0604. 9100	8. 0812. 9000	9. 0810. 6000	10. 0902. 1090
11. 1209. 3000	12. 2005. 9110	13. 0713. 3390	14. 1108. 1300	15. 1201. 1000
16. 1902. 3090	17. 1007. 9000	18. 1507. 9000	19. 2206. 0090	20. 2106. 9090
21. 2008. 9931	22. 2005. 2000	23. 1806. 9000	24. 1902. 2000	25. 2104. 2000
26. 1605. 5700	27. 2106. 9090	28. 2502. 0000	29. 2710. 1991	30. 2703. 0000
31. 2501. 0020	32. 3824. 4090	33. 3003. 9000	34. 3212. 9000	35. 3307. 2000
36. 3303. 0000	37. 3506. 1000	38. 3105. 1000	39. 3004. 9053	40. 3926. 9090
41. 3920. 9990	42. 3903. 2000	43. 4010. 1900	44. 4016. 9100	45. 4101. 2019
46. 4201. 0000	47. 4203. 2100	48. 4421. 9110	49. 4818. 2000	50. 4901. 9100
51. 5112. 3000	52. 5516. 4100	53. 6111. 2000	54. 6212. 1090	55. 6201. 9310
56. 6405. 2000	57. 6506. 1000	58. 6912. 0090	59. 7117. 9000	60. 7110. 3100
61. 7210. 1100	62. 8305. 2000	63. 7214. 9100	64. 7616. 1000	65. 8206. 0000
66. 4201. 0000	67. 8205. 4000	68. 8422. 1100	69. 8414. 2000	70. 8481. 8090
71. 8418. 3029	72. 8471. 3010	73. 8508. 1100	74. 8510. 1000	75. 8703. 3212
76. 8702. 1020	77. 8704. 2230	78. 9508. 9000	79. 9021. 5000	80. 8423. 9000
81. 9018. 9090	82. 9405. 2000	83. 8304. 0000	84. 3407. 0090	85. 9612. 2000
86. 9504. 9030	87. 3406. 0000	88. 7020. 0091	89. 9619. 0020	90. 9703. 0000

 综合训练

一、单选题

1. 对主动披露的进出口企业、单位违反海关监管规定的行为，以下说法正确的是（　　）。

  A. 海关应当从轻或者减轻行政处罚

  B. 海关应当减免滞纳金

  C. 违法行为轻微不予追补税款

  D. 已补缴税款的不予行政处罚

2. 修理物品因故留在境内的，经营单位无须办理（　　）手续。

  A. 规定期限届满前 30 日向海关申请留用

  B. 向海关提交原进口修理物品报关单及情况说明

  C. 办理原征收保证金转税手续

  D. 通过"单一窗口"的"修撤单办理/确认"功能向海关办理进口货物报关单修改手续

3. 保税加工货物电子化手册设立包括（　　）两个步骤。

  A. 备案资料库设立，通关手册设立

  B. 商品归类、商品归并

  C. 商品归并，单耗申报

  D. 出口成品申报、进口料件申报

4. 关于进口税率的适用，下列表述不正确的是（　　）。

  A. 适用最惠国税率的进口货物同时有暂定税率的，应当适用暂定税率

  B. 适用出口税率的出口货物有暂定税率的，不适用暂定税率

  C. 适用协定税率、特惠税率的进口货物有暂定税率的，应当从低适用税率

  D. 按照国家规定实行关税配额管理的进口货物，关税配额内的，适用关税配额税率；对超出进口配额范围的进口货物，其税率的适用按其所适用的其他相关规定执行

5. 某企业申领了一份出口许可证（非一批一证），证面上的发证日期为 2018 年 7 月 12 日，这份出口许可证的有效截止日期为（　　），最多可使用（　　）次。

  A. 2019 年 7 月 11 日，6

  B. 2018 年 12 月 31 日，6

  C. 2019 年 7 月 11 日，12

  D. 2018 年 12 月 31 日，12

6. 某企业从泰国曼谷进口一批货物，运抵我国关境前最后一个装货港柬埔寨金边港（港口代码表无此口岸代码），报关时"经停港"栏应填报为（　　）。

  A. 曼谷　　　　　　B. 金边　　　　　　C. 柬埔寨　　　　　　D. 无须填报

7. 从韩国 AEO 认证企业进口一批商品，韩国企业提供的认证证书编号是 NO.1135600，在填写境外收发人时，填报样式正确的是：（　　）。

A. KR < 1135600 >   B. AEO < 1135600 >

C. AEO < KR1135600 >   D. KR < AEO1135600 >

8. 当进口货物的完税价格不能按照成交价格确定时，海关应当依次使用相应的方法估定完税价格，依次使用的正确顺序是（   ）。

A. 相同货物成交价格方法→类似货物成交价格方法→倒扣价格方法→计算价格方法→合理方法

B. 类似货物成交价格方法→相同货物成交价格方法→倒扣价格方法→计算价格方法→合理方法

C. 相同货物成交价格方法→类似货物成交价格方法→合理方法→倒扣价格方法→计算价格方法

D. 倒扣价格方法→计算价格方法→相同货物成交价格方法→类似货物成交价格方法→合理方法

9. 报关员小王在离单时发现进口设备的规格型号在进口发票和货物说明书上显示不一致，这种情况下正确的做法是（   ）。

A. 申报时不提交货物说明书，以发票规格型号为准

B. 申报时同时提交货物说明书和进口发票

C. 申报时不填报规格型号

D. 建议客户向海关申请申报前看货

10.《协调制度》归类总规则的适用说法正确的是（   ）。

A. 规则一至规则六依次使用

B. 根据实际情况选用规则一至规则六的任一规则

C. 规则三是最常用的规则

D. 规则二解决的是包装如何归类

二、多选题

1. 全国通关一体化可以选用（   ）地点报关。

A. 口岸海关报关

B. 属地海关报关

C. 在除口岸及属地海关外其他海关报关

D. 货物所在地的主管海关报关

2. （   ）可以向海关申请成为认证企业。

A. 失信企业

B. 认证企业被海关调整为一般信用企业满一年

C. 失信企业被海关调整为一般信用企业满一年

D. 失信企业被海关调整为一般信用企业满两年

3. 商品名称及规格型号中"出口享惠情况"可选择填报以下哪几个（   ）。

A. 出口货物在最终目的国（地区）不享受优惠关税

B. 出口货物在最终目的国（地区）享受优惠关税

C. 出口货物不能确定在最终目的国（地区）享受优惠关税

D. 无须填报

4. 下列不属于海关责令直接退运的货物是（　　　）

A. 进口国家禁止进口的货物，经海关依法处理后的

B. 有关贸易发生纠纷，能够提供法院判决书，仲裁机构仲裁决定书或者无争议的有效货物所有权凭证的

C. 未经许可擅自进口属于限制进口的固体废物用作原料，经海关依法处理后的

D. 海关已经确定检验或者认为有走私违规嫌疑的货物

5. 以下货物出口时，必须由产地海关检验检疫部门实施检验检疫的是（　　　）。

A. 活牛　　　　　　　　　　B. 洗手液

C. 冻鸡肉　　　　　　　　　D. 烟花爆竹

6. 新西兰进口"乳清蛋白粉"（400 克/罐，HS：35022000），进口报关单"企业资质类别及编号"栏目应填写（　　　）。

A. 境外出口商/代理商备案号

B. 进口商备案号

C. 进口收货人备案号（进口商与收货人不一致时）

D. 境外生产企业注册号

7. 关于"直接退运"货物，以下说法正确的是（　　　）。

A. 使用"直接退运"监管方式，分别申报出口和进口两份报关单

B. 先申报出口"直接退运"报关单，再申报进口"直接退运"报关单

C. 先申报进口"直接退运"报关单，再申报出口"直接退运"报关单

D. 如果遇到海关查验，只需要进口查验

8. 保税出口业务中，保税核注清单商品项归并为报关单同一商品项的，需要遵循的原则有（　　　）。

A. 10 位商品编码相同

B. 申报计量单位相同

C. 申报币制相同

D. 货物原产国相同

9. 下列不列入工艺损耗的情况是（　　　）。

A. 企业加急订单，采购的非保税料件产生的损耗

B. 企业生产过程中报废的半成品

C. 企业生产过程中产生的边角料

D. 企业生产过程中突然停电产生的额外损耗

10. 关于海关特殊监管区域，具备国内货物入区退税功能的有（　　　）。

A. 综合保税区

B. 出口加工区

C. 保税区

D. 保税港区

三、报关单查错题

下列报关单（见附表4）中有20个编有序号（A）～（T）的已填（包括空填）栏目，请指出其中填制错误的6项。

附表4 中华人民共和国海关进口货物报关单

预录入编号　　　　　海关编号

境内收货人(9133100068450900XM)(A) 台州A公司	进境关别（2905）台州海关	进口日期（C）20180928	申报日期 20180928	备案号（H）
境外发货人 GE Wind Energy GmbH	运输方式（2）（E）水路运输	运输工具名称及航次号	提运单号 00LU4040685040	货物存放地点 码头堆场
消费使用单位（D）台州A公司	监管方式（0110）（F）一般贸易	征免性质（101）（G）一般进出口	许可证号	起运港（2110）（K）汉堡
合同协议号 NTC-GF-20180901	贸易国（地区）（300）（I）欧盟	起运国（地区）（J）德国	经停港	入境口岸（330501）（B）海门

包装种类 其他	件数（M） 1	毛重（千克）7 225	净重（千克）6 600	成交方式（L）CIF	运费（O）	保费（P）	杂费

随附单证及编号

标记唛码及备注（N）
备注：附情况说明，退运协议随附单证号：3201200117100810000

项号（Q）	商品编码	商品名称及规格型号（R）	数量及单位	单位/总价/币制	原产国（地区）（S）	最终目的国（地区）	境内目的地	征免（T）

1 8501641090 风力发电机（旧） 51 079.0000 全免
发电机用 | 是交流电 | 输出功率 | 1台 51 079.0000 德国（304） 中国 （33119/331000）台州/浙江省 （1）
1885kW | NTC牌 | 型 1台 欧元 （CHN） 台州市

特殊关系确认：否　价格影响确认：否　支付特许权使用费确认：否　自报自缴：是

报关人员　报关人员证号　电话　兹申明对以上内容承担如实申报、依法纳税之法律责任
申报人员　申报单位（盖章）　　　　　海关批注及盖章

资料 1

台州 A 公司于 2018 年 3 月出口 4 台风力发电机（HS：85016410）至德国，其中一台发电机在运行时发生故障，经过双方友好协商，卖方同意退回并签订了退回协议。经查，现退回货物向海关报关。申报要素为：1. 品名；2. 用途；3. 品牌；4. 是否为交流电；5. 型号；6. 单台输出功率；7. 新旧状态。

资料 2：发票

CUSTOMS　INVOICE　C1 20180901 – KB

For customs purpose only

SHIPPER/EXPORETR　Ship from	SHIPPINHG ADDRESS
GE wind Energy GmbH　GE wind Energy GmbH Holsterfeld 16　Holsterfeld 5ᵗʰ（RAR） 48499 Salzbergen　48499 Salzbergen Germany　Germany	Taizhou Turbine &Electric machinery（group）co. LTD NO. 8 Jianan Road Tianyuan East Road. JiaoJiang Zone Taizhou 318000；China Contact：Tina 86 0576 85181159

COUNTRY OF EXPORT：	Number of shipments	Importer of Record：	Broker	Customs Clearance office
GERMANY COUNTRY OF ultimate DESTIONA； China	1	Taizhou Turbine &Electric machinery（group）co. LTD NO. 8Jianan Road Tianyuan East Road. JiaoJiang Zone Taizhou 318000；China Contact：Tina　13913949129		

Person in charge：	Telephone：	Fax	E – mail	Request 1FH03472	Date 2018，09

POS	QTY	UOM	SALES ORDER	Purchase Order	Description of Goods	Art. No.	ECCN	Country of Origin *	Europa Tariff Code	Price Per Piece	Total Price Per Position	Contents/ Number of Package
1	1	EA			GENERATOR，ESS，690V，50HZ，CWE	109W 1663P001	DE EUDUL：Not Listed. NLR	CN	85016100	51,079. 00 ¢	51,079. 00 ¢	1 of 1

Total Invoice Value：　　51079. 00 ¢

Delivery   Pickup by customer
Terms of   delivery；   CIF TAIZHOU
Reference Number   M. 2018031101

Dimensions	375cm * 195cm * 230cm	
Gross Weight	7, 225. 000kg	
Net Weight	6, 600. 000kg	
Mark：	1 of 1	

THIS COMMODITIES ARE LICENSED FOR THE ULTIMATE DESTINATION SHOWN
I DECLARE ALL INFORMATION CONTAINED IN THIS INVOICE TO BE TRUE AND CORRECT
* Information on Country of Origin is just for trading purposes
GE wind Energy GmbH

资料3：箱单

Shipping Address：Taizhou Turbine &Electric machinery （group） co. LTDNO. 8Jianan Road
Tianyuan East Road. JiaoJiang Zone

Taizhou 318000；China

Contact：Tina

Phone：13913949129

Packing   List20180901 – KB

Person in charge：Telephone：   FAX   E – mail：   Request   Date
KLaus Bolte   4959719801655   150201472   2018/9/01

POS	OTY	UOM	Sales Order	Purchase Order/ Case Number	Description of Goods	Art. No.	ECCN Number	Country of Origin *	Europa Tariff Code	Net weight Per Piece	Net – weight Per POS.	CONTENS/ Number of Package
1	1	EA			GENER ATOR, ESS, 690V, 50HZ, CWE	109W1 663P001	DE EUDUL： Not Listed. NLR	CN	85016100	7, 200	7, 200	1 of 1

Total net weight   7, 200. 000kg
Total gross weight   7, 225. 000kg

Delivery	Picked by customer
Terms of delivery	CIF TAIZHOU
Country of Exportation：	Germany
Country of Ultimate	China

Dimensions	375cm * 195cm * 230cm	
Gross Weight	7, 225. 000kg	
Net Weight	6, 600. 000kg	
Mark：	1 of 1	

We certify this packing list to be true and correct

These commodities are licensed for the ultimate destination shown

＊Information on Country of origin is just for trading purposes.

GE Wind Energy GmbH

I. A. Klaus Bolte

四、综合题

（一）深圳进口商从台湾购入一套机床设备，设备价格为 FOB Taiwan 60 000 美元，该货物从台湾经香港转运到深圳蛇口口岸，发票列明：台湾至香港的海运费为 500 美元，香港至深圳蛇口口岸的陆运费是 3 000 港币，保险费 500 元人民币，蛇口口岸至深圳进口商仓库运费为 2 000 元人民币。

请根据上述案例，回答下列各题：

1. 该套机床向海关申报时，应计入进口货物完税价格的项目有（　　）。

A. 台湾至香港的海运费 500 美元

B. 香港至深圳蛇口口岸的陆运费 3 000 港币

C. 保险费 500 元人民币

D. 蛇口口岸至深圳进口商仓库的运费为 2 000 元人民币

2. 如该进口机床可以享受协定税率，则所指的协定简称是（　　）。

A. APEC　　　　　B. CEPA　　　　　C. ECFA　　　　　D. RCEP

3. 该企业在申报后自行完成了应缴税款的计算和支付，这种作业方式称为（　　）。

A. 先放后税　　　　B. 自报自缴　　　　C. 集中纳税　　　　D. 汇总征税

（二）杭州星星公司系外商独资企业，其向境外的分公司订购进口设备 200 套（经查属于自动许可证管理、法定检验的商品）。该企业向海关出具的发票价格为 CIF 50 000 美元/台。但在该货物进口的同期，海关掌握的相同货物的进口成交价为 CIF 60 000 美元/台。另外，货物进口后该企业在境内将设备售出，并将其所得价款的 10%（8 000 美元/台）返还给境外的分公司。经查该设备适用的税率为复合税：其中 CIF50 000 美元/台以下（含50 000 美元/台）的关税税率为单一从价税；CIF 50 000 美元/台以上的关税税率为 124 200 元人民币元/台再加 5% 的从价税。且当期汇率为 1 美元 = 6. 404 2 元人民币元。星星公司委托旭日报关行来完成这个进口报关业务，请旭日报关行预先算出海关应征的税款，以便星星公司有所准备。王经理将这件事交给了小方来处理。

小方的工作任务包括：

任务1：要判断该设备要不要征税，它是不是一般进出口货物。

任务2：该进口设备的完税价格是多少？

任务3：计算出该企业报关时应向海关缴多少税款。

（三）某汽车部件企业为高级认证企业，2016年申报报关单、进出境备案清单等总票数为9 000票；海关稽核认定该企业2017年申报的100票货物，有商品编号申报不实的行为，共漏缴税120万元，最终处罚人民币73万元。

请就本案例回答下列相关问题：

1. 该企业为高级认证企业时，适用海关的管理措施有（　　　　）。

A. 进出口货物平均查验率在一般信用企业平均查验率的20%以下

B. AEO互认国家或者地区海关通关便利措施

C. 国家有关部门实施的守信联合激励措施

D. 海关收取的担保金额可以低于其可能承担的税款总额。

2. 处罚后海关对该企业信用等级管理为（　　　　）。

A. 保持高级认证企业不变　　　　　　B. 降为一般认证企业

C. 降为一般信用企业　　　　　　　　D. 降为失信

3. 处罚后该企业适用的管理措施为（　　　　）。

A. 适用汇总征税　　　　　　　　　　B. 不适用汇总征税

C. 海关为企业设立协调员　　　　　　D. 进出口货物平均查验率在80%以上

4. 该企业在未发生不符合海关认证企业标准的情况下，最快（　　　　）年可以申请认证企业。

A. 1　　　　　　　　B. 2　　　　　　　　C. 3　　　　　　　　D. 4

（四）西安某公司与韩国公司签订了10 000个背包的出口合同，与韩国C公司签订了800 000平方米涤纶布的料件进口合同，与青岛公司签订了1 000 000个背包的委托加工合同。西安公司拟向海关申请加工贸易电子化手册。

请根据上述案例，回答下列各题：

1. 西安公司应向（　　　）主管海关办理电子化手册的设立手续，该电子化手册的"经营单位"栏应填报（　　　）

A. 西安公司，西安公司　　　　　　　B. 青岛公司，西安公司

C. 西安公司，青岛公司　　　　　　　D. 青岛公司，青岛公司

2. 办理该电子化手册设立手续时，应向海关提供的资料有（　　　）：

A. 加工贸易加工企业生产能力证明　　B. 经营企业对外签订的合同

C. 备案资料库资料　　　　　　　　　D. 委托加工合同

3. 已出口的背包在手册核销前，由于质量不符部分退运进口并不再出口，退运进口时应申报（　　　　）。

A. 退运货物　　　　B. 无代价抵偿　　　　C. 进料成品退换　　　D. 来料料件退换

五、报关流程设计（根据下列背景资料，请列出详细操作）

2019年1月，宁波华田公司业务部门接到两笔进出口业务：①2019年向美国出口全棉男士衬衫20 000件，出口价格为5美元/件，预计装船的时间为2019年9月9日早上9点。②从新加坡进口氨纶纱线10吨，进口价格6 546美元/吨，装载该批氨纶纱线的货轮"皇

后"号于9月2日进境。这两笔业务分别交由报关员小李和小王负责。

任务1：请根据上述背景资料，完成氨纶纱线的进口报关操作。

任务2：请根据上述背景资料，完成全棉男士衬衫的出口报关操作。

综合训练答案

一、单选题

1. A	2. A	3. A	4. B	5. D	6. C
7. C	8. A	9. D	10. A		

二、多选题

1. ABCD	2. BCD	3. ABC	4. BD	5. BCD
6. ABD	7. ABD	8. ABC	9. ABD	10. ABD

三、报关单查错题

F G I N S T

四、综合题

（一）1. ABC 2. C 3. B

（二）操作分析：

第一步，根据任务1的要求，首先应弄明白该设备进口是否属于一般进口货物。若是一般进口，则应征税；反之，则不用缴税，而是缴3‰左右的手续费则够了。

该设备进口后，以"用途"来看，不是"企业自用"，而是属"外贸自营内销"，进口后又转卖出去。所以属一般进口货物，应在进出境阶段就征税，该货物从上海进境，所以应预先备好税款，这样海关税单（税款缴款书）出来了，可即时纳税，可加快通关速度，更重要的是可以节省一些码头费用，降低进口成本。

要缴税，是一般进出口货物。

该案例中，虽然该企业报关时向海关出具的发票价格为 CIF50 000 美元/台，但是买卖双方当事人是有特殊关系的，卖方直接获得因买方转售进口货物而产生的收益，转售获利为 8 000×10% =800（美元）。并且同期海关掌握的相同货物的进口成交价为 CIF60 000 美元/台。所以，海关向其征收税费时，该设备完税价格应为海关掌握的相同货物的成交价，即 CIF60 000 美元/台。

根据任务2，计算出海关向宏远公司应征的税额。该案例中提到，该设备的进口税率适用复合税，其中 CIF 50 000 美元/台以下（含 50 000 美元/台）的关税税率为单一从价税；CIF50 000 美元/台以上的关税税率为 124 200 元人民币元/台再加5%的从价税。该设备的完税价格为 CIF60 000 美元/台，其关税税率应为 124 200 元人民币/台再加5%的从价税。所以，海关核定该企业的税额为：（60 000×6.404 2×5% +124 200）×200 = 28 682 520（元人民币）。

（三）1. ABC 2. C 3. A 4. A

（四）1. B 2. ABCD 3. C

五、报关流程设计（根据下列背景资料，请列出详细操作）

在以上任务，情境中涉及2笔报关业务，分别是一般进出口货物进口报关操作氨纶纱线进口和一般进出口货物全棉男士衬衫出口报关操作，报关流程如下：

（1）建立代理报关委托关系，确认 HS 编码等前基本信息；

（2）确认监管条件。如涉及监管证件，则指导企业到主管部门申领相关监管证件。如果进出口货物不涉及我国外贸管制的规定，可省略此步骤。

（3）录入电子报关数据并上报。

（4）确认布控或放行通知。如该批货物要查验，则配合海关查验。

（5）缴纳税费。

（6）提取货物。

在分析操作环节的基础上，将本项目的任务分解为以下五个部分：一般进出口货物报关流程设计，外贸管制证件申领，查找商品编码，准备申报单证及申报，税费缴纳以及结关。

1. 属于一般进口货物报关流程

（1）小王判断氨纶纱线不属于国家外贸管制的范围，也不属于国家法检范围的商品，因此不需要事先去进行报检和申领相关的许可证件。

（2）装载氨纶纱线的货轮是 2019 年 9 月 2 日进境，9 月 2 日是星期一，根据申报期限的规定，为不产生滞报金，小王认为这批氨纶纱线的进口申报应该在 9 月 16 日前进行。

（3）准备整套报关单据，查找氨纶纱线的编码并根据单证员提供的发票、提单、箱单等资料规范填制进口报关单并进行电子申报。

（4）如果海关可能对这批氨纶纱线进行查验，小王要熟悉这批进口的氨纶纱线的基本情况，配合海关查验。

（5）小王要事先查询税率，确认进口氨纶纱线的关税税率是 70%，进口环节增值税率是 17%。

（6）结清税款后，凭海关盖了放行章的提货单去提货，提货后还要记得要海关签发付汇证明联以便进行进口付汇，至此，这票货物的进口报关完成。

2. 小李对全棉男士衬衫的出口报关工作设计

（1）根据自己对服装纺织品出口相关政策的了解，自 2009 年 1 月 1 日起将不再实行输美纺织品出口数量及许可证管理和输欧纺织品出口许可证管理，因此确认出口美国的全面衬衫不需要领取纺织品出口许可证，另外这批全棉男士衬衫出口报关前不需要报检。这批衬衫预计装船时间是 2019 年 9 月 9 日早上 9：00 周一，确定了最迟申报期限后，接下来就是要准备整套报关单去。

（2）另外一个重要的任务就是查找全棉男士衬衫的编码，并根据单证员提供的发票、提单、装箱单等资料规范填制出口报关单，并进行电子申报。

（3）还考虑到海关有可能对这批全棉男士衬衫进行查验，所以必须事先熟悉这批出口全棉男士衬衫的基本情况，以便配合海关查验。

（4）还要到中国海关总署相关网站去查看我国关税实施表，看看国家有没有调整服装纺织品出口关税政策，并据此确认是否应该缴纳出口关税，查看后确认，我国目前对服装纺织品出口实行零关税。

海关查验无误后，可以凭海关盖了放行章的出口装货凭证装船了。至此，这票货物的出口报关完成。

参 考 文 献

［1］叶红玉，王巾 . 报关实务（第 3 版）［M］. 北京：中国人民大学出版社，2019.

［2］朱占峰 . 报关实务（附微课第 3 版）［M］. 北京：人民邮电出版社，2020.

［3］中国报关协会编委会 . 关务基础知识 2020 年版［M］. 北京：中国海关出版社，2020.

［4］中国报关协会编委会 . 关务水平测试大纲细则及真题解析 2019 年版［M］. 北京：中国海关出版社，2019.